ZEITSCHRIFT FÜR ANGEWANDTE GEOLOGIE

HERAUSGEGEBEN VON

DER STAATLICHEN GEOLOGISCHEN KOMMISSION

UND DER ZENTRALEN VORRATSKOMMISSION

DER DEUTSCHEN DEMOKRATISCHEN REPUBLIK

AUS DEM INHALT

AKADEMIE-VERLAG · BERLIN

BAND 8 / HEFT 4
APRIL 1962
SEITE 169–224

	INHALT	СОДЕРЖАНИЕ	CONTENTS	
D. MÜNCH	Der Ton von Rieder	Глина около местности Ридер	The Clay of Riedei	169
E. SZABÓ	Lagerungsverhältnisse und Genese des ungarischen Bauxits	Условия залегания и происхождение венгерских бокситов	Mutual Relations and Genesis of the Hungarian Bauxite	175
J. TRACHTULEC	Beitrag zur Durchführung hydrogeologischer Forschungen in Braunkohlenrevieren	Вклад в проведение гидрогеологических исследований в буроугольных районах	Contribution to the Realization of Hydrogeological Researches in Brown Coal Districts	183
W. LIERSCH	Vorschläge zur Frage des Lagerstättenarchivs (Sedimentäre Eisenerze)	Предложения к вопросу архива месторождений. (Осадочные железные руды)	Proposals on the Problem of Deposit Archives (Sedimentary Iron Ores)	188
N. I. BUJALOW	Über das Testen von Erkundungsbohrungen in Erdöl- und Erdgaslagerstätten	Об опробовании разведочных скважин на месторождениях нефти и газа	Testing of Reconnaissance Drillings in Petroleum and Natural Gas Deposits	192
S. F. SIDORENKO	Einige Besonderheiten beim Testen von Bohrungen	Некоторые особенности результатов опробования скважин	Some Peculiarities of the Testing of Drillings	195
Autorenkollektiv	Erdölvorräte in Grundgebirgsgesteinen (Referiert von R. MEINHOLD)	Запасы нефти в породах фундамента (Реферат Р. Мейнгольда)	Petroleum Reserves in Basement Rocks (Abstracted by R. MEINHOLD)	197
C. DÖHNER	Zur Vorratsberechnung und Abbauplanung in Feldesteilen mit absetzigen Hartsalzvorkommen	К подсчету запасов и планированию разработки в участках с прерывистым наличием твердой соли	Reserve Calculation and Planning of Mining in Parts of the Field Showing Shifty Hard Salt Occurrences	198
I. A. KOLMOGOROW	Eine Volumenbestimmungsmethode für Erzkörper zwischen nichtparallelen Schichten	Простой способ определения объемов рудных тел между непараллельными сечениями	Method for the Determination of the Volume of Ore Bodies Situated between Non-Parallel Sections	202
Autorenkollektiv	Das Großpolnische Becken (Referiert von K. KAUTER)	Великопольский бассейн (Реферат К. Каутер)	The Great Polish Basin (Abstracted by K. KAUTER)	204
W. M. WOLKOW & I. T. SACHAROW	Zur Erhöhung des Wirkungsgrades geologischer Erkundungsarbeiten	К вопросу о повышении эффективности геологоразведочных работ при поисках глубокозалегающих полиметаллических месторождений	Increasing the Efficiency of Geological Reconnaissance Works	206
G. SCHUMANN	Der neue zweikreisige Geologenkompaß des VEB Freiberger Präzisionsmechanik	Новый двукружный геологический компас Народного предприятия ,,Фрейбергер Прецизионсмеханик"	The New Two-Circle Geologist's Compass of VEB Freiberger Präzisionsmechanik	207
D. FRANKE	Zu Fragen geologischer Terminologie und Klassifikation (I). Der Begriff Formation	К вопросам геологической терминологии и классификации (I). Понятие ,,формация"	Problems of Geological Terminology and Classification (I). The Concept of Formation	208
H. P. T. HYDE	Mineralförderung der Republik Kongo im Jahre 1960	Добыча минерального сырья в Конголэсекой Республике в 1960 г.	Mineral Extraction of the Congolese Republic in 1960	214

Die ZEITSCHRIFT FÜR ANGEWANDTE GEOLOGIE berichtet ständig über folgende Arbeitsgebiete: Geologische Grundlagenforschung und Lagerstättenforschung / Methodik der geologischen Erkundung / Ökonomie und Planung der geologischen Erkundung / Technik der geologischen Erkundung / Geologie und Lagerstättenkunde im Ausland. In der Zeitschrift können alle trittigen Fragen der praktischen Geologie behandelt werden. Die Autoren übernehmen für ihre Aufsätze die übliche Verantwortung.

ZEITSCHRIFT FÜR ANGEWANDTE GEOLOGIE

BAND 8 · APRIL 1962 · HEFT 4

Der Ton von Rieder[1]

DIETER MÜNCH, Halle

Bei der Suche nach Spezialtonen im Bezirk Halle erregte ein kleines Vorkommen bei Rieder im Zentrum der Blankenburger Mulde Aufmerksamkeit. Hier wurde 1946 Ton für die Bleicherdeherstellung abgebaut. Daher lag die Vermutung nahe, daß bentonitisches Material vorliegen könnte. Von der Staatlichen Geologischen Kommission waren vor Jahren schon Untersuchungen durchgeführt worden, die sich jedoch auf chemische Analysen und die Ermittlung gesteinsphysikalischer Kennzahlen beschränkten und kein klares Bild erkennen ließen. Um den Ton von Rieder einwandfrei beurteilen zu können, wurde er nochmals einer allseitigen Untersuchung unterzogen.

1. Die Lagerstätte

Im Kern der Blankenburger Kreidemulde ist das Senon (kro_4) stellenweise in toniger Fazies entwickelt. Ein derartiger Kreideton ist in einer kleinen auflässigen Grube im Tal des Bicklingsbaches nördlich des Ortes Rieder (Mbl. Ballenstedt) aufgeschlossen. Die Grube steht z. Z. unter Wasser. Nach älteren Bearbeitern (K. BEYER 1946, J. POMPER 1951) soll sich der Ton in drei Horizonte gliedern lassen (Tab. 1).

Tab. 1. Profil der Tongrube am Bicklingsbach bei Rieder

Geologische Einheit	Petrographische Beschaffenheit	Mächtigkeit
Interglaziale Hauptterrasse	Mittel-Grobkiese, überwiegend Harzgerölle	2–3 m
	Ton, buntfleckig	2–3 m
kro_4	Ton, grüngrau	
	Ton, blaugrau	1–2 m
	Ton, blaugrau, feinsandig	1–2 m
	Ton, blaugrau	

Für die Untersuchungen wurden Proben aus dem grüngrauen Ton entnommen. Da sich alle Horizonte jedoch weitgehend gleichen, was aus den Ergebnissen älterer Untersuchungen hervorgeht, können die ermittelten Werte als charakteristisch für das Gesamtvorkommen angesehen werden.

2. Granulometrische Zusammensetzung

Aus dem Laboratorium der Arbeitsgruppe Ingenieurgeologie des Zentralen Geologischen Instituts, Berlin, (R. KÖHLER) liegen mehrere Kornverteilungsanalysen vor, unter denen die in Abb. 1 dargestellten Kurven das Gestein am besten repräsentieren. Es handelt sich danach um stark schluffige Tone mit schwachem Feinsandgehalt. Der Anteil der Tonfraktion (< 2 μm) liegt bei 50—70%. Im tieferen Teil der Grube steigt der Feinsandgehalt stellenweise bis 40% an.

3. Chemische Analysen

Aus dem Chemischen Laboratorium des Zentralen Geologischen Instituts, Berlin, stammen die in Tab. 2 angegebenen Analysenergebnisse, die Untersuchungen wurden von K. UTESCHER durchgeführt.

Als Vergleich wurden neben dem Sodaaufschluß zwei weitere Aufschlußverfahren angewandt. Ein Aufschluß erfolgte durch einstündiges Kochen mit konzentrierter Salzsäure, der zweite durch sechsstündiges Behandeln mit verdünnter Schwefelsäure bei 220° C in einem zugeschmolzenen Rohr und anschließendes zweitägiges Ausschütteln mit Ammoniumchloridlösung.

Das Verhältnis der im Schwefelsäure- und Salzsäureauszug gelösten Silikate zur Gesamtmenge der Tonsubstanz ist im Vergleich zu normalen Tonen sehr hoch. Das deutet auf stark zersetzte Minerale hin, die möglicherweise als gelförmige, amorphe Beimengungen vorliegen. Recht hoch ist auch der Eisengehalt. Auf Grund der grüngrauen Farbe des Tons muß man annehmen, daß das Eisen weitgehend aus den Tonmineralen stammt.

4. Ionenumtauschkapazität

Von K. UTESCHER wurden auch Untersuchungen über die austauschfähigen Kationen angegeben. Nach

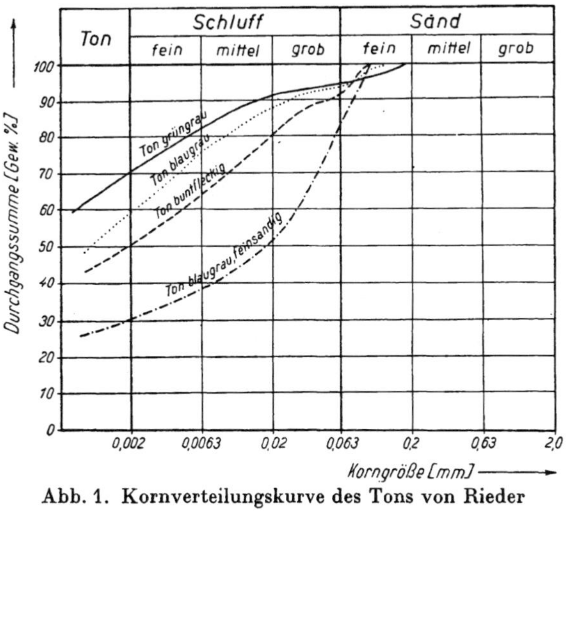

Abb. 1. Kornverteilungskurve des Tons von Rieder

[1]) Eingang des Manuskripts in der Redaktion: 7. 11. 1961

Tab. 2. Chemische Analysen des Tons von Rieder

	Grüngrauer Ton			Blaugrauer Ton					
				oberhalb des feinsand. Horizonts			unterhalb des feinsand. Horizonts		
	Soda	HCl	H_2SO_4	Soda	HCl	H_2SO_4	Soda	HCl	H_2SO_4
Glühverlust	6,14	5,67	5,67	5,77	5,44	5,44	5,78	5,50	5,50
SiO_2	54,78	22,90	35,40	57,37	23,02	37,81	57,09	23,65	39,65
Al_2O_3	18,92	9,29	18,12	20,43	9,63	19,48	19,31	8,68	20,58
Fe_2O_3	8,53	7,29	8,31	5,84	4,53	6,01	6,58	4,14	6,46
FeO	n. b.	0,12	n. b.	n. b.	0,48	n. b.	n. b.	0,56	n. b.
CaO	2,87	2,35	2,53	1,06	0,72	0,86	1,13	0,68	0,81
MgO	2,83	2,38	2,82	3,08	2,65	2,85	3,28	2,53	3,18
K_2O	n. b.	2,29	3,91	n. b.	2,45	3,88	n. b.	2,96	4,29
Na_2O	n. b.	1,44	2,10	n. b.	1,57	2,83	n. b.	0,99	1,93
P_2O_5	1,43	1,20	1,65	0,18	0,07	0,13	0,18	0,07	0,14
SO_3	0,03	0,03	0,03	0,04	0,04	0,04	0,06	0,06	0,06
Cl	0,03	0,03	0,03	0,02	0,02	0,02	0,02	0,02	0,02
Humus	0,47	0,47	0,47	0,33	0,33	0,33	0,28	0,28	0,28
Lösliches	96,03	55,46	81,04	94,12	49,05	79,68	93,71	49,68	82,90
Unlösliches	—	44,54	18,96	—	50,95	20,32	—	50,32	17,10

Umrechnung der Ergebnisse auf die heute übliche Angabe in Millival pro 100 g Ton ergeben sich folgende Werte:

Tab. 3. Umtauschfähige Kationen des Tons von Rieder

	pH in Wasser	S-Wert	Ca^{**}	Mg^{**}	K^*	Na^*	Verhältnis Alkalien zu Erdalkalien
Grüngrauer Ton	7,2	9,3	6,5	1,5	0,2	1,1	1:6
Blaugrauer Ton oberhalb des feins. Horizonts	7,8	9,1	6,2	1,3	0,3	1,3	1:5
Blaugrauer Ton unterhalb des feins. Horizonts	8,0	8,9	6,2	1,3	0,3	1,1	1:5,5

Für einen mageren Ton sind das recht hohe Werte. Die Hauptmenge der angelagerten Kationen wird von den Erdalkalien gestellt. Bei den Alkalien überwiegt Natrium gegenüber Kalium. Das Verhältnis der Alkalien zu den Erdalkalien liegt bei 1:5 bis 1:6. Aufschlämmungen in Wasser sind neutral bis schwach alkalisch.

Die drei untersuchten Tonhorizonte entsprechen sich in ihrer chemischen Zusammensetzung weitgehend, so daß die folgenden, nur für das hangende grüngraue Material ermittelten Werte als charakteristisch für das Tonvorkommen von Rieder gelten können.

5. Verhalten des Tons zum Wasser

Wichtige Angaben über Verarbeitbarkeit und Plastizität sowie Hinweise auf die mineralogische Zusammensetzung ergeben sich aus dem Verhalten des Systems Ton — Wasser.

Enslinwert

Die Werte für die Wasseraufnahme liegen im Durchschnitt bei 102—107%, nur die feinsandigen Partien liegen mit 70—80% niedriger. Bei einer durch Schlämmung gewonnenen Fraktion < 2 μm wurden Enslinwerte von 135—140% gemessen.

Quellfähigkeit

Die Beurteilung der Quellfähigkeit erfolgte durch die Bestimmung des Sedimentvolumens. Nach der Arbeitsweise von K. Herdt & A. Petzold ließ man je 5 g der Fraktion < 2 μm nach Schütteln in 100 ml Wasser bzw. Elektrolytlösung sich absetzen. Nach 48 Stunden und nach drei Wochen wurde das Sedimentvolumen gemessen.

Danach steht der Ton von Rieder zwischen dem Zettlitzer Kaolin und dem Geisenheimer Bentonit (Tab. 4).

Tab. 4. Sedimentvolumina von Zettlitzer Kaolin, Geisenheimer Bentonit und Ton von Rieder

Flüssigkeit	Sedimentvolumen nach 48 h (ml/5 g)	Sedimentvolumen nach 3 Wochen (ml/5 g)
	Zettlitzer Kaolin	
Wasser	35	20
Sodalösung 2%	19	11
Sodalösung 4%	21	18
NH_4Cl-Lös. 4%	45	45
	Geisenheimer Bentonit	
Wasser	100	100
Sodalösung 2%	100	96
Sodalösung 4%	64	63
NH_4Cl-Lös. 4%	17	12
	Ton von Rieder	
Wasser	keine scharfe Grenze	29
Sodalösung 2%	85	63
Sodalösung 4%	67	39
NH_4Cl-Lös. 4%	44	42

Plastizität

Für die Beurteilung der Plastizität wurden die Plastizitätsgrenzen nach Atterberg und die Plastizitätszahl nach Pfefferkorn bestimmt.

Plastizitätsgrenzen nach Atterberg

Nach Atterberg wird das plastische Verhalten eines Ton-Wasser-Systems durch Fließgrenze und Ausrollgrenze gekennzeichnet. Die Bestimmung erfolgt im Schlaggerät nach Casagrande (Abb. 2). Als Fließgrenze ist der Wassergehalt festgesetzt worden, dem 25 Hübe entsprechen. Dieser Wert wird mit Hilfe eines Diagramms graphisch ermittelt, wobei auf der Abszisse in linearer Teilung die Wassergehalte, auf der Ordinate in logarithmischer Teilung die Anzahl der Hübe aufgetragen werden.

Die Ausrollgrenze charakterisiert den Übergang des Ton-Wasser-Systems vom bildsamen zum halbfesten Zustand. Ihr entspricht ein Wassergehalt, bei dem der Ton beim Ausrollen zu bleistiftdicken Röllchen zu zerbröckeln beginnt.

Die Differenz zwischen Fließ- und Ausrollgrenze wird als Bildsamkeit bezeichnet, sie ist ein Maß für die Plastizität des Tones.

Tab. 5. Atterberg-Konstanten des Tons von Rieder (%)

	Fließgrenze	Ausrollgrenze	Bildsamkeit
Buntfleckiger Ton	54	25	29
Grüngrauer Ton	71	31	40
Blaugrauer Ton	51	22	29
Blaugrauer sandiger Ton	41	19	22

Für den Ton von Rieder wurden die in Tab. 5 angegebenen Plastizitätsgrenzen ermittelt.

Auch hier zeigt sich die Abhängigkeit vom Feinsandgehalt. Die durch Schlämmen erhaltene Fraktion

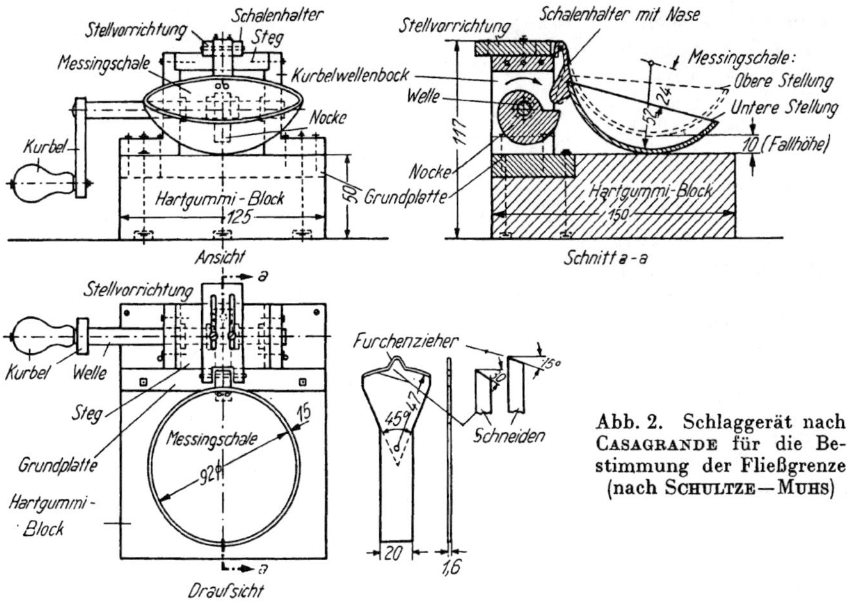

Abb. 2. Schlaggerät nach CASAGRANDE für die Bestimmung der Fließgrenze (nach SCHULTZE—MUHS)

< 2 µm wurde ebenfalls untersucht, die Werte sind mit einigen Vergleichsmineralen in Tab. 6 angegeben.

Der Vergleich dieser Plastizitätsgrenzen läßt vermuten, daß illitische Minerale die Hauptkomponente des Tons von Rieder sind.

Plastizitätszahl nach PFEFFERKORN

In der Keramik wird die Plastizität einer Masse meist nach der Methode von PFEFFERKORN bestimmt. Hierbei werden aus der plastischen Masse Zylinder von 40 mm Höhe und 35 mm Durchmesser geformt, die mit dem PFEFFERKORNschen Plastizitätsmeßgerät (Abb. 3) gestaucht werden. Das Verhältnis der ursprünglichen zur gestauchten Höhe wird in Abhängigkeit vom Wassergehalt der plastischen Masse in ein Diagramm eingetragen. Als Plastizitätszahl ist von PFEFFERKORN der Wassergehalt festgesetzt worden, der einem Deformationsverhältnis von 3,3 entspricht. Nach dieser Methode wurden für den Ton von Rieder Plastizitätszahlen bei 26—28% gefunden. Der Ton kann als gut plastisch bezeichnet werden.

Tab. 6. ATTERBERG-Konstanten des Tons von Rieder im Vergleich zu einigen Standardtonen

Ton	Fließgrenze	Ausrollgrenze	Bildsamkeit
Na-Montmorillonit Belle Fourche (S.-Dakota)	625—700	100	525—600
Ca-Montmorillonit Pontotoc (Mississippi) <1 µm	175	110	65
Kaolinit Union Co. (Illinois) <1 µm	64	37	27
Illit Vermilion Co. (Illinois) <1 µm	95	45	50
Ton Rieder <2 µm	80	30	50

Tab. 7. Thixotrope Grenzwerte des Tons von Rieder

Flüssigkeit		thixotroper Grenzwert N
Wasser		3,3—5,6
Sodalösung	0,5%	3,3—4,5
Sodalösung	1 %	3,3—5,1
Sodalösung	5 %	4,4—7,8
Lithiumkarbonat	0,5%	3,3—5,7
Lithiumkarbonat	1 %	3,8—7,4
Ammoniumchlorid	2 %	8,0

Thixotropie

Als Maß gilt nach WINKLER der thixotrope Grenzwert N, der das Flüssigkeits-Feststoff-Volumenverhältnis für eine Erstarrungszeit von 1 Min. darstellt.

Für destilliertes Wasser kann man etwa folgende Richtwerte angeben für die Beurteilung von Dickspülungstonen:

$N < 5$ gering thixotrop
$N = 5-10$ mittelmäßig thixotrop
$N > 10$ gut thixotrop

Versuche mit dem Ton von Rieder ergaben die in Tab. 7 angegebenen thixotropen Grenzwerte.

Danach besitzt der Ton nur geringe bis mittelmäßige thixotrope Eigenschaften. Der Zusatz von Alkali-Ionen bringt nur unbedeutende Verbesserungen, so daß das Material für Dickspülungszwecke nicht geeignet ist.

6. Thermophysikalische Untersuchungen

Hierunter werden die differenzdilatometrischen und die differentialthermoanalytischen Messungen beschrieben, die zur Untersuchung des Mineralgehalts durchgeführt wurden.

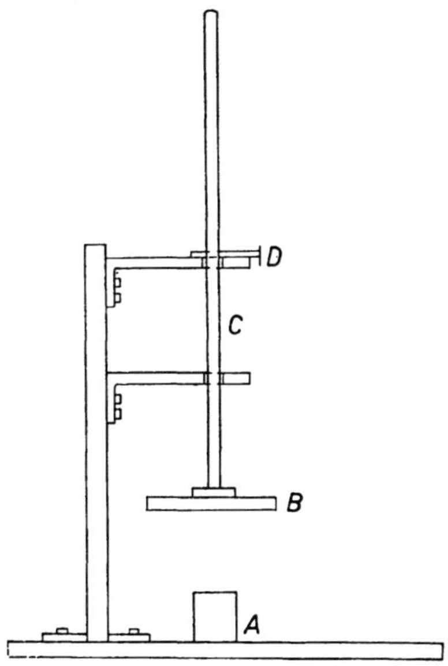

Abb. 3. Plastizitätsmeßgerät nach PFEFFERKORN (nach SCHÄTZER)

Differentialthermoanalyse

Durch die freundliche Unterstützung des Instituts für Grobkeramik Großräschen[2]) war es möglich, differentialthermoanalytische Untersuchungen durchzuführen.

[2]) Herrn Dipl.-Min. N. BIEHL sei an dieser Stelle nochmals gedankt.

Die DTA-Kurve der Fraktion $< 2\ \mu m$ im Vergleich zu den Kurven eines Kaolinits und eines Illits zeigt die Abb. 4. Daraus läßt sich erkennen, daß die Kurve des Tons von Rieder in den typischen Punkten mit der des Illits übereinstimmt. Der endotherme Effekt bei 120 bis 130° C deutet auf die Abgabe von fest angelagertem Wasser hin. Die breite exotherme Ausbuchtung bei 350—375° C wird durch Eisenverbindungen oder organische Substanz hervorgerufen. Bei etwa 600° C bricht das Gitter zusammen, wodurch der starke endotherme Effekt entsteht, an dem neben Illit auch Kaolinit beteiligt ist. Typisch für Illit ist die dritte endotherme Reaktion bei 900° C, auf die bei 930—950° C ein exothermer Effekt folgt.

Dadurch wird die Bildung neuer Minerale aus den Zerfallsprodukten angezeigt. Zusammenfassend kann man also an Hand der DTA-Kurve feststellen, daß Illit das Hauptmineral des Tons darstellt, neben dem Kaolinit vorliegt.

Differenzdilatometrische Untersuchung

Die Ausdehnungsmessungen wurden mit dem Differenzdilatometer nach ULBRICHT, Bauart WEISS, durchgeführt. Die Vergrößerung wurde 400fach gewählt, die Aufheizung erfolgte bis 1000° C. Zur Untersuchung wurden Probestäbchen aus der Fraktion $< 2\ \mu m$ hergestellt und bei 105° C getrocknet. Die Kurven zeigt Abb. 5, als Vergleichskurven sind Geisenheimer Bentonit, Zettlitzer Kaolin und Glimmerton von Sarospatak angegeben. Die Kurve des Tons von Rieder zeigt bis 500° C eine gleichmäßige Ausdehnung. Etwas steiler wird der Verlauf im Bereich von 550—650° C, woran Illit und Quarz beteiligt sind. Typisch für den Illit ist auch eine kleine Isomalie bei 720° C. Bei 780° C setzt eine sehr starke Schwindung ein, wie sie für Illit normalerweise erst bei 900 °C zu erwarten ist. Möglicherweise liegen hier, bedingt durch den schon erwähnten Gehalt an amorpher Substanz, frühzeitige Sintererscheinungen vor, die zur Verdichtung des Scherbens führen.

Nach der Aufheizung wurde eine Abkühlkurve aufgenommen, die im Bereich von 180°—230° C eine kleine Isomalie zeigt. Auch bei der Wiedererhitzung trat dieser

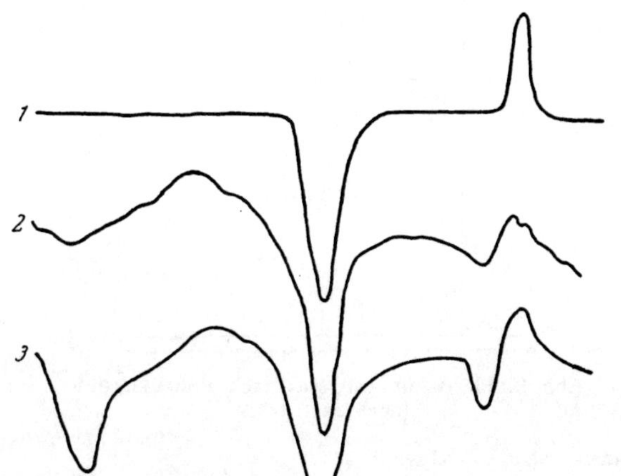

Abb. 4. DTA-Kurven von Zettlitzer Kaolin (1), Ton von Rieder (2) und Illit, Vermilion Co. Illinois (3)

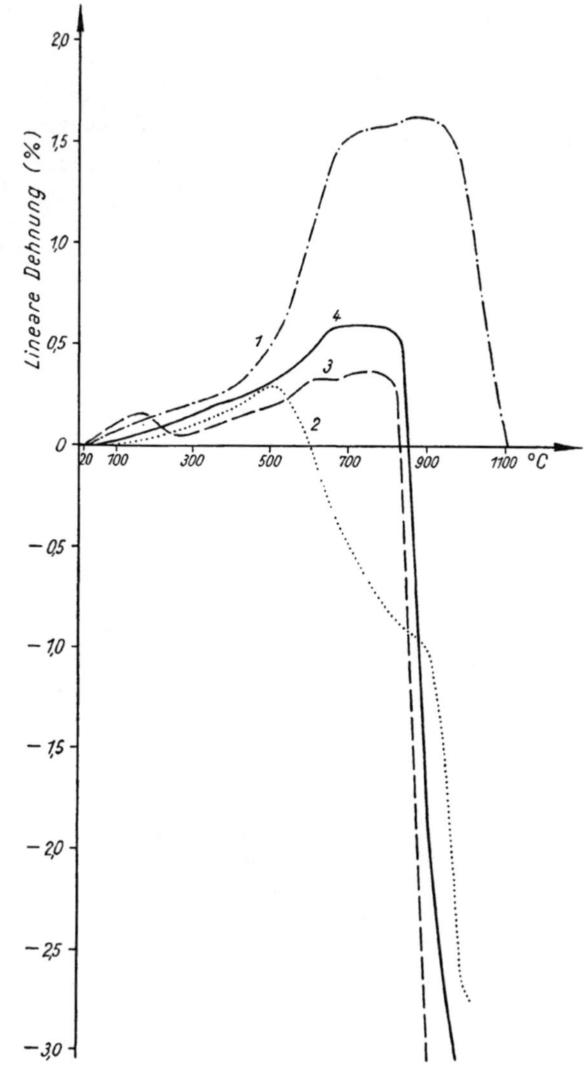

Abb. 5. Dilatometerkurven des Tons von Rieder und einiger Vergleichsminerale

1 — Glimmerton von Sarospatak (Illit), 2 — Kaolin von Zettlitz, 3 — Bentonit von Geisenheim, 4 — Ton von Rieder

Sprung auf. Als Ursache ist ein geringer Gehalt an Cristobalit anzusehen, der sich beim Erhitzen in diesem Temperaturbereich von der β- in die α-Modifikation umwandelt. Er bildet sich beim Erhitzen aus der opalartigen amorphen Kieselsäure. Bei 575° C tritt ein weiterer Effekt auf, der die Quarzumwandlung anzeigt.

Zusammengefaßt kann man aus der dilatometrischen Untersuchung entnehmen, daß das Hauptmineral des Tons von Rieder ein stark zersetzter Illit ist, neben dem amorphe gelförmige Substanz (Cristobalitbildung) und Quarz nachzuweisen sind.

7. Trocken- und Brennverhalten

Der Ton läßt sich einwandfrei verformen und trocknen, die Trockenschwindung liegt mit 11% bei einem Anmachwassergehalt von 33% ziemlich hoch.

Das Brennverhalten wurde an Proben bestimmt, die bei 900, 1000, 1100, 1200 und 1300° C gebrannt wurden. Anschließend wurde die Wasseraufnahme bestimmt, wobei die Probekörper zwei Stunden gekocht, oberflächlich abgetupft und gewogen wurden. Brennverhalten und

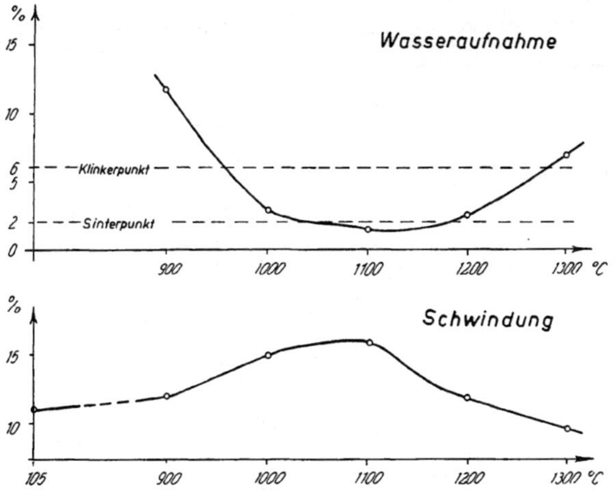

Abb. 6. Schwind- und Dichtbrennverhalten des Tons von Rieder

Wasseraufnahme zeigt die Abb. 6. Der Klinkerpunkt des Materials (entsprechend einer Wasseraufnahme von 6%) liegt bei SK 07a (960° C), der Sinterpunkt (entsprechend einer Wasseraufnahme von 2%) bei SK 02a—03a (1050° C). Die größte Dichte erreicht der Scherben bei SK 1a (1100° C). Bei SK 3a (1140° C) beginnt der Ton zu blähen, was durch den Gehalt an Eisenverbindungen (Pyrit) und organischer Substanz verursacht wird. Die Brennfarbe wandelt sich vom Grüngrau des trocknen Probekörpers über ein helles Braunrot (SK 010a—05a) (900—1000° C), Dunkelbraun (SK 1a) (1100° C) bis zum Braunoliv (SK 6a—SK 10) (1200—1300° C). Der Kegelfallpunkt wurde bei SK 28—29 (1630—1650° C) gefunden, der Schmelzpunkt des Tons unter dem Erhitzungsmikroskop liegt bei SK 30 (1670° C). Für den Ziegelbrand ist die günstigste Brenntemperatur bei SK 07a (960° C).

8. Röntgenographische Untersuchung

Für die Röntgenuntersuchung wurden von der Fraktion < 2 μm zwei Texturpräparate angefertigt, wovon eins aus destilliertem Wasser, das andere aus einer Glyzerin-Wasser-Mischung sedimentiert wurde. Die Untersuchung erfolgte mittels einer Zählrohr-Goniometer-Anlage im Zentralen Geologischen Institut, Berlin (H. UNGER). Beide Aufnahmen unterschieden sich nicht, es konnten keine quellfähigen Minerale nachgewiesen werden. Wie das Diagramm Abb. 7 zeigt, sind Illit, Kaolinit und Quarz die Hauptbestandteile des Tons. Oberhalb 10 Å ist keine Linie zu sehen.

9. Infrarotabsorptionsspektren

Im Optischen Laboratorium des VEB Chemische Werke Buna[3]) wurden Infrarotabsorptionsspektren des Tons von Rieder und einiger Vergleichsminerale angefertigt. Zur Untersuchung kam eine Fraktion < 5 μm, die in einer Konzentration von 2 mg pro 200 mg mit Kaliumbromid zu einer Tablette verpreßt wurde. Die Spektren zeigt Abb. 8.

Tab. 8. Mineralogische Zusammensetzung des Tons von Rieder

Quarz	20%
Illit	60%
Kaolinit	15%
Akzessorien (Feldspäte, Kalkspat, Schwerminerale, amorphe Substanz usw.)	5%

Die Banden der Silikate liegen in der Hauptsache im Gebiet um Wellenzahlen von 800 bis 1250 cm^{-1}. Bei den Tonmineralen zeigen die Zweischichtminerale eine wesentlich stärkere Gliederung des Spektrums als die Dreischichtminerale. Im Bereich 3200 bis 3800 cm^{-1} liegen die OH-Valenzschwingungen. Für Kaolinit sind zwei spitze Banden typisch, die bei 3630 und 3700 cm^{-1} liegen. Bei 1640 cm^{-1} erscheint die HOH-Deformationsschwingung. Typisch für alle Zweischichtminerale ist die ausgeprägte Bande bei 936 cm^{-1}, die der AlO_6-Oktaederschicht entspricht. Zwei Banden bei 1050 und 1100 cm^{-1} sowie eine starke Gliederung im Bereich um 800 cm^{-1} werden der SiO_4-Tetraederschicht zugeschrieben.

Wesentlich schwieriger ist der Nachweis von Montmorillonit. Als typisch kann die Bande bei 3420 cm^{-1} angesehen werden, die vom Zwischenschichtwasser herrührt. Der Bereich um 800 cm^{-1} ist weniger gegliedert als bei den Zweischichtmineralen.

[3]) Den Herren Dr. LUCHSINGER und Dr. KIMMER sei an dieser Stelle nochmals für die Unterstützung gedankt.

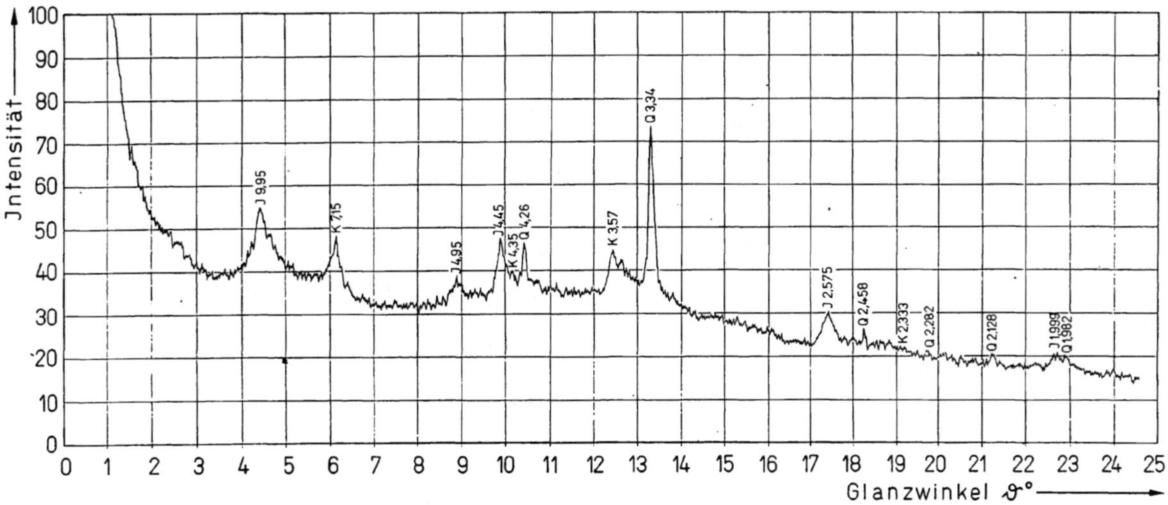

Abb. 7. Röntgen-Zählrohrgoniometer-Diagramm des Tons von Rieder
(Cu-Kα-Strahlung, Nickelfilter), Q — Quarz, I — Illit, K — Kaolinit

Ähnlich ist das Spektrum des Illits aufgebaut. Als typisch erscheint eine Bande bei 1400 cm^{-1}, die vermutlich einer Deformationsschwingung fester gebundenen Wassers entspricht.

Das Spektrum des Tons von Rieder zeigt die typischen Merkmale des Illitspektrums. Die Lage und Höhe der Banden sowie das Vorhandensein der Bande bei 1400 cm^{-1} deuten einwandfrei darauf hin, daß Illit das Hauptmineral des Tons ist. Ausgeprägt sind jedoch auch die Spitze bei 3700 cm^{-1} und die Zergliederung des Spektrums um 800 cm^{-1}, wie sie das Kaolinitspektrum zeigt. Neben Illit liegt also untergeordnet auch Kaolinit vor.

10. Mineralogische Zusammensetzung

Aus dem vorliegenden Untersuchungsmaterial läßt sich die mineralogische Zusammensetzung auch quantitativ recht gut abschätzen. Die gefundenen Werte zeigt Tab. 8.

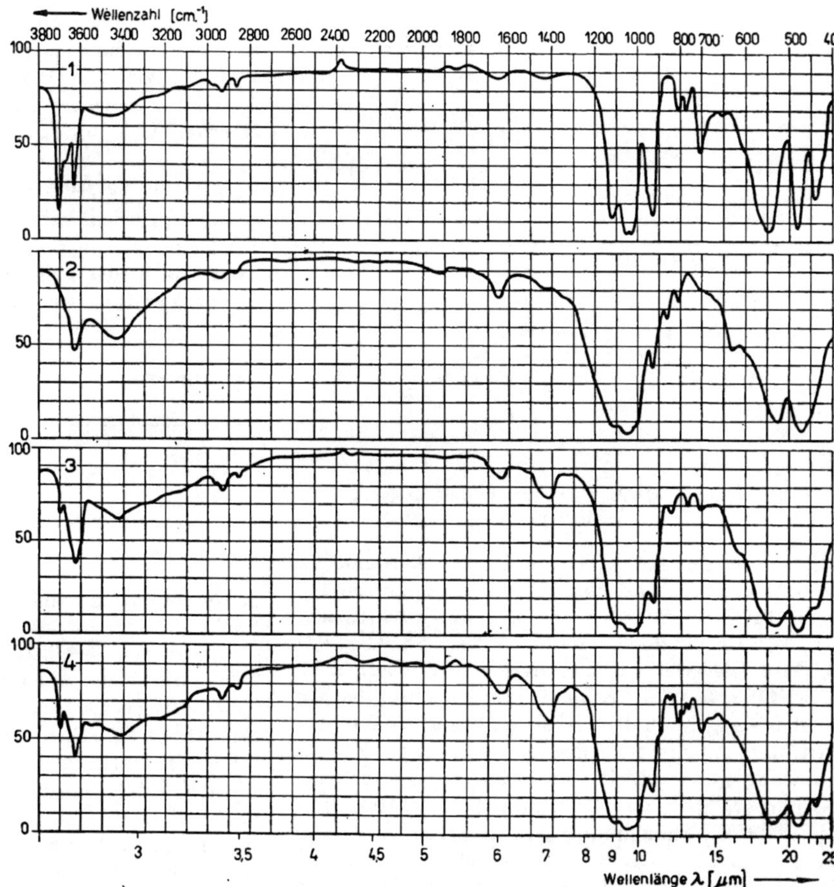

Abb. 8. Infrarotabsorptionsspektren des Tons von Rieder und einiger Vergleichsminerale
1 – Zettlitzer Kaolin, 2 – Montmorillonit (Herkunft unbekannt), 3 – Glimmerton von Sarospatak (Illit), 4 – Ton von Rieder

Zusammenfassung

Es wird ein Kreideton aus einer Grube bei Rieder im Zentrum der Blankenburger Mulde beschrieben und untersucht. Der Ton besteht hauptsächlich aus Illit, untergeordnet treten Kaolinit und Quarz sowie opalartige amorphe Zersetzungsprodukte auf.

Keramisch läßt sich das Material bei SK 07 a zu einem guten Ziegel brennen. Bei höheren Temperaturen treten Bläherscheinungen auf. Besonders thixotrope Eigenschaften, wie sie für Dickspülungszwecke verlangt werden, sind nicht vorhanden.

Резюме

Дается описание исследования меловой глины из карьера около Ридер в центре Бланкенбургской мульды. Глина сложена главным образом иллитом, в подчиненных количествах встречаются каолинит и кварц, а также опалообразные аморфные продукты разложения. В керамическом отношении из этого материала при конусе Зегера 07а можно обжигать хорошие кирпичи. При более высоких температурах наблюдаются явления вспучивания. Тиксотропных свойств, требуемых для целей густого раствора, не имеется.

Summary

A chalky clay from a pit near Rieder in the centre of the Blankenburg downfold is described and investigated. The clay mainly consists of illite, with kaolinite, quartz and opal-like amorphous weathering products occurring in inferior quantities.

Ceramic firing of the material at Seger cone 07 a produces a good brick. Bloating takes place when fired at higher temperatures. Thixotropic properties in particular as required for mud circulation purposes are non-existent.

Literatur

CASAGRANDE, A.: Research on the Atterberg – Limits of Soils. – Public Roads, 13, S. 121 (1932).
GONZÁLEZ GARCIA, S., H. BEUTELSPACHER & W. FLAIG: Espektografia infrarroja de arcillas y minerales estructuralmente anologos. – Anales de Fisica y Quimica 1956, S. 349.
HERDT, K. & A. PETZOLD: Keramische und mineralogische Untersuchungen am Friedländer Blauton. – Silikattechnik, 11, S. 58 – 64 (1960).
JASMUND, K.: Die silikatischen Tonminerale. – 2. Aufl., Chemie-Verl. GmbH., Weinheim 1955.
KÖHLER, R.: Bericht über die bodenphysikalische Untersuchung des Tonvorkommens Rieder auf Eignung für Dachziegel und Dickspülung. – Archiv der Staatl. Geol. Komm., 1950.
– Bericht über die bodenphysikalische Untersuchung einiger Proben des Tonvorkommens Rieder. – Archiv der Staatl. Geol. Komm., 1952.
KÖSTER, H. M.: Mineralogische Untersuchungen an Ziegeleitonen der unteren Kreideformation und ein Weg zur Verbesserung ihrer technischen Eigenschaften. – Ber. Dtsch. Keram. Ges., 33, S. 145 – 150 (1956).
LEHMANN, H. & H. DUTZ: Die Ultrarotspektroskopie als Hilfsmittel zur Bestimmung des Mineralbestandes und der Mineralneubildung in Roh- und Werkstoffen der Steine-und-Erden-Industrie. – Tonind.-Ztg. u. Keram. Rdsch., 83, S. 219 – 238 (1959).
MOENKE, H.: Ultrarotabsorptionsspektralphotometrie. – Silikattechnik, 12, S. 323 – 327 (1961).
MÜLLER, H., O. BÄTZ & N. BIEHL: Die Methoden der mineralischen Rohstoffanalyse im Institut für Grobkeramik, Großräschen. – Silikattechnik, 10, S. 204 – 208 (1959).
POMPER, J.: Bericht über die Befahrung des Tonvorkommens Rieder. – Archiv der Staatl. Geol. Komm., 1951.
– Die Ziegeltonlagerstätten im Mitteldeutschen Raum. – Silikattechnik, 9, S. 117 – 120 (1958).
SALMANG, H.: Die Keramik, physikalische und chemische Grundlagen. – 4. Aufl., Springer-Verlag, Berlin – Göttingen – Heidelberg 1958.
SCHÄTZER, L.: Keramik, Roh- und Werkstoffe/Prüfmethoden. – Verlag Technik, Berlin 1954.
SCHULTZE, E. & H. MUHS: Bodenuntersuchungen für Ingenieurbauten. – Springer-Verlag, Berlin – Heidelberg – Göttingen 1950.
SEIDEL, G.: Lagerstätten und Beschaffenheit der Tone Thüringens sowie ihre Eignung in der Grobkeramik. – Silikattechnik, 12, S. 359 – 368 (1961).
UTESCHER, K.: Ein Beitrag zur Chemie der Bleicherdetone. – Archiv der Staatl. Geol. Komm., 1947.
WINKLER, H. G. F.: Kolloid-Beih., Nr. 48, S. 341 – 376, 1938.
ZWETSCH, A.: Dilatometrische Messungen an keramischen Rohstoffen. – Ber. Dtsch. Keram. Ges., 32, S. 63 – 68 (1955).
– Über das dilatometrische Verhalten von Serizit. – Ber. Dtsch. Keram. Ges., 32, S. 236 – 238 (1955).
Baugrund, Untersuchung von Bodenproben, Richtlinien für die Bestimmung der ATTERBERGschen Grenzen. – DIN 4016, Blatt 3 (Entwurf).
Prüfung keramischer Roh- und Werkstoffe, Bestimmung der Plastizität. – TGL 95 – 11.

Zeitschrift für angewandte Geologie (1962) Heft 4

Lagerungsverhältnisse und Genese des ungarischen Bauxits[1]

ELEMÉR SZABÓ, Balatonalmádi (VR Ungarn)

Grundlage der vom Verf. behandelten theoretischen und praktischen Probleme der Lagerungsverhältnisse und Genese des ungarischen Bauxits bilden die im Verlaufe von etwa dreißig Jahren ungarischen Bauxitbergbaus und zehn Jahren wissenschaftlicher Forschung im Ungarischen Bauxiterkundungsbetrieb gewonnen Ergebnisse.

1. Die Lagerungsformen des Bauxits in Ungarn

Stratigraphisch stehen die ungarischen Bauxitvorkommen mit dem mesozoischen Grundgebirge in Zusammenhang. Im ungarischen Mittelgebirge, das NE—SW streicht, tritt die Bauxitzone nicht als einheitlicher Zug hervor, sondern ist in einzelne Schollen gegliedert. Innerhalb der genannten Zone füllt der Bauxit im allgemeinen die Unebenheiten der im Liegenden auftretenden Karstoberfläche aus, wobei Verwerfungen vor und nach der Bauxitbildung die Struktur formten. Der Bauxit kann sich auch stufenförmig abgesetzt oder er kann in mehr oder minder großen Becken und Vertiefungen sowie lagerartig Platz genommen haben. Bisher wurde außer dieser Bauxitzone nur noch in Südungarn Bauxit festgestellt, und zwar im Harsány-Gebirge südlich des Mecsek-Gebirges. Der bauxitführende Horizont tritt hier im Streichen dieses mesozoischen Gebirgszuges auf.

Die ungarischen Bauxitgebiete liegen fast alle westlich der Donau, wie aus Abb. 1 hervorgeht.

Die Lagerungsformen der ungarischen Bauxitlagerstätten kann man in drei Typen gliedern (Abb. 2):

1. Typ der sogenannten linsenförmigen Lagerung
2a. Typ der relativ ruhigen Lagerung
2b. Typ der tektonisch zerstückelten Lager
3. Typ der kettenförmig aufeinanderfolgenden Linsen

Von den genannten Bauxitgebieten gehören zum linsenförmigen Lagerungstyp das Gebiet von Nyirád (ganz charakteristisch), die Gebiete von Sümeg, Eplény, Fenyőfő (?) und evtl. das Bauxitgebiet von Újbarok-Óbarok.

Zum Typ 2a mit relativ ruhigen Lagerungsformen des Bauxits kann nach den neuesten Untersuchungsergebnissen kein Bauxitgebiet in seiner Gesamtheit gerechnet werden. Das vor einigen Jahren in diese Gruppe eingestufte Bauxitgebiet von Halimba-Szőc zeigt nur in einigen Teilen relativ ruhige Lagerungsformen, während es in den meisten Fällen zum tektonisch zerstückelten Typ gehört. Die Lagerstätten von Gánt und Iszkaszentgyörgy sowie die Lager von Alsópere-

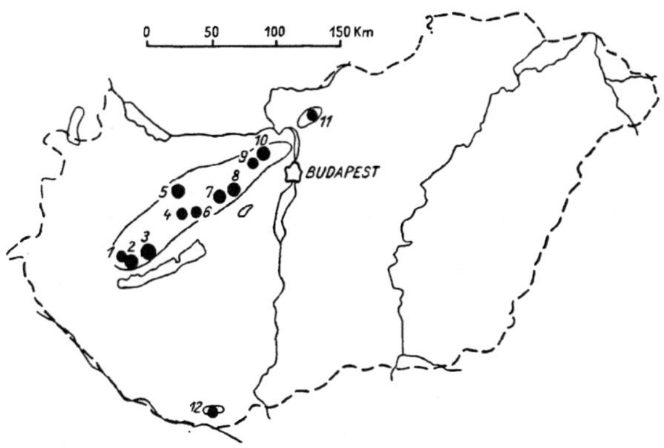

Abb. 1. Geographische Lage der Bauxitgebiete
1 — Gebiet von Sümeg, 2 — Gebiet von Nyirád, 3 — Gebiet von Halimba-Szőc, 4 — Gebiet von Eplény, 5 — Gebiet von Fenyőfő (zuletzt entdeckt), 6 — Gebiet von Alsóperepuszta, 7 — Gebiet von Iszkaszentgyörgy, 8 — Gebiet von Gánt, 9 — Gebiet von Újbarok-Óbarok, 10 — Gebiet von Nagynémetegyház, 11 — Gebiet von Nézsa, 12 — südlich des Mecsek-Gebirges das Gebiet von Nagyharsány

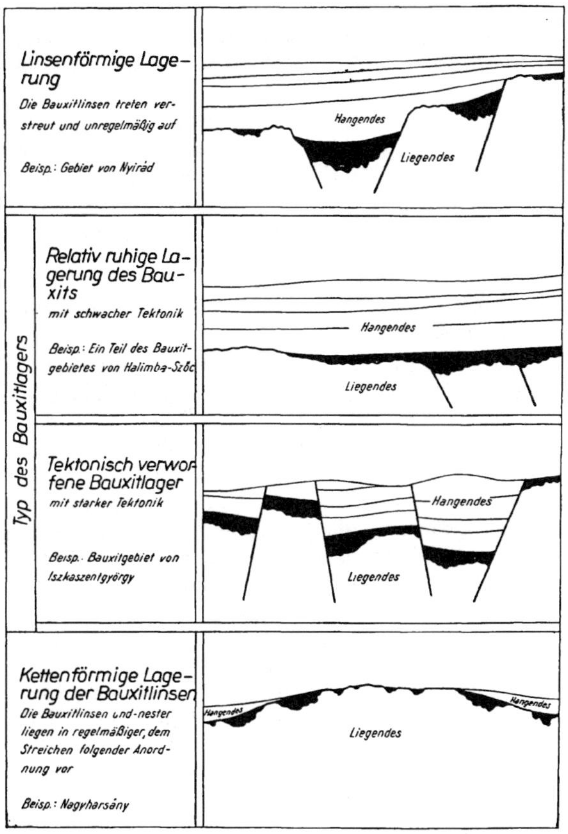

Abb. 2. Die Lagerungsformen der ungarischen Bauxitlagerstätten

puszta enthalten zu einem kleinen Teil ebenfalls tektonisch „ruhige" Lagerstättenteile, sie vertreten aber sonst den tektonisch zerstückelten Typ. Die übrigen Bauxitgebiete gehören in die Gruppe 2b. Eine Ausnahme bildet das Gebiet im Harsány-Gebirge, das mit seinen kettenförmigen, im Streichen aushaltenden Linsen und Nestern den Typ 3 repräsentiert.

Nach der Art der Lagerungsverhältnisse können die ungarischen Bauxitlagerstätten zu den „Karstbauxiten" gerechnet werden; denn meistens besteht ihr Liegendes aus Dolomit oder Kalk. Mergel, Ton und Sandstein als Liegendes haben nur eine untergeordnete Bedeutung und treten nur bei allochthon entstandenen Bauxitkörpern auf.

Während des großen erdgeschichtlichen Zeitintervalls zwischen dem Liegenden (meist obertriassischem Hauptdolomit oder Dachsteinkalk) und dem unmittelbaren Hangenden des Bauxits (meist unterem Eozän oder mitteleozänen kohligen Tonen bzw. Nummulitenkalk, seltener oberkretazischen terrestrischen Ablagerungen) entstanden nur die Ablagerungen der Bauxitfolge, deren Alter daher nicht genau festgelegt werden kann.

Das Liegende des Bauxits ist im allgemeinen stark verkarstet, mit unebener, ausgehöhlter und ausgekesselter Oberfläche. Der primäre Bauxit wurde in jedem Fall auf diesem Liegenden mit Erosions- und stratigraphischer Diskordanz abgesetzt. Die im unmittel-

[1]) Vortrag, gehalten auf dem I. Internationalen Kolloquium junger Geologen vom 2.–8. 10. 1960 in Potsdam. — Übersetzung aus dem Ungarischen: W. OESTREICH

baren Hangenden des Bauxits auftretenden Schichten zeigen infolge der durch die petrographische Entwicklung bedingten mannigfaltigen Abstufungen der Erosion im allgemeinen eine größere Abwechslung als die im Liegenden des Bauxits auftretenden Schichten.

Meistens wird der Bauxit von untereozänem, grauem, pyritführendem, von kohligen Lagen durchsetztem Ton überlagert.

Zwischen der Bauxitfolge und der sie unmittelbar überdeckenden Schicht ist in den meisten Fällen ein ruhiger, konkordanter Übergang zu beobachten, doch entsprechend den erwähnten Denudationserscheinungen sind an mehreren Stellen auch Erosions- und stratigraphische Diskordanzen bekannt.

2. Die Tektonik und ihre Bedeutung in den ungarischen Bauxitgebieten

Die ungarischen Bauxite finden sich auf der unebenen Oberfläche des Grundgebirges meistens in Vertiefungen, die durch Verkarstung entstanden (Dolinen, kleinere Einstürze, Hohlräume) oder die tektonisch bedingt sind (meistens tektonische Gräben oder Staffelbrüche). In der Praxis kann man den Einfluß der Tektonik und der Karstmorphologie im allgemeinen nicht scharf trennen; denn in den meisten Fällen liegt der Bauxit in solchen Vertiefungen, die durch die Kombination beider Faktoren vorgebildet wurden. Die tektonischen und karstmorphologischen Formelemente können mit völliger Sicherheit nur in bis zum Liegenden abgebauten Bauxittagebauen voneinander getrennt bzw. einzeln nachgewiesen werden. So schuf der über 30 Jahre im Gebiet von Gánt umgehende Abbau in den Tagebauen Ujfeltárás, Harasztos und Bagolyhegy für das Studium der Oberfläche des Liegenden ausgezeichnete Aufschlüsse (Abb. 3—6).

Dabei wurde die frühere Erkenntnis bestätigt, daß im allgemeinen größere Bauxitmächtigkeiten besseres Erz enthalten als die geringen Mächtigkeiten. Diese Feststellung gilt aber nur für primäre Bauxitlagerstätten. Besonders auffallend zeigt sich das dort, wo eine sogenannte vorbildende Verwerfung (d. h. älter als die Bauxitbildung) dem bauwürdigen Erz innerhalb der Bauxitfolge eine Grenze setzt. Dieses Thema wirft genetische Probleme auf, und daher sollen auch die von den ungarischen Bauxitforschern untersuchten Zusammenhänge sowie die Wechselwirkung zwischen Tektonik und Qualität des Bauxits behandelt werden.

Da im ungarischen Mittelgebirge die Bruchstörungen überwiegen, während die Faltung nur eine untergeordnete Rolle spielt, wurde die bauxittektonische Synthese als Funktion der Bauxitqualität, den praktischen Verhältnissen entsprechend, nur für die disjunktiven Strukturelemente und für die wichtigsten Fälle ausgearbeitet (Abb. 7).

In Abb. 7, die in Form einer Tabelle die raumerweiternden (disjunktiven) und die raumverengenden (konjunktiven) Bruchelemente zeigt, die für bestimmte Perioden charakteristisch sind, werden auch der unmittelbare und der mittelbare Einfluß der Tektonik auf die Qualität des Bauxits dargestellt. Die Erklärungen gelten für die Bauxite der Oberen Kreide (Turon), wohin die überwiegende Mehrheit der ungarischen Bauxite gehört. Zu bemerken ist, daß diese tabellarische Zusammenstellung den ersten Versuch darstellt, die ungarischen Bauxitlagerstätten nach dem geologischen Alter tektonisch zu gliedern.

In Fall 1 ist die durch die altkimmerische Orogenese entstandene Verwerfung älter als der Bauxit. Ursprünglich entstand nur an der Oberfläche des Grundgebirges, noch vor der Bauxitbildung, eine Niveaudifferenz, die in einer langen Denudationsperiode (Jura [?] — Untere Kreide) durch Erosion in eine Fastebene verwandelt und ausgeglichen wurde. Dabei wurde die gehobene Scholle bis zum Niveau der abgesunkenen Scholle erodiert, und die Verwerfung hatte überhaupt keinen Einfluß auf den Bauxit.

In dem unter 2a gezeigten Fall erfolgte die Verwerfung vor der Bauxitbildung, und zwar während der jungkimmerischen oder austrischen Phase. In diese Gruppe gehören die meisten Verwerfungen, die die Grundgebirgsoberfläche vorgebildet haben. Sie bewirkten Gräben und Vertiefungen, die die Akkumulation der Grundmasse des Bauxits begünstigten. Indirekt haben diese Verwerfungen große Bedeutung für die Qualität des Bauxits, insofern sie eine größere Mächtigkeit des primären Bauxits und damit die Entstehung einer besseren Qualität ermöglichten. In den letzten Jahren gelang es den Bauxitforschern, diese Annahme durch zahlreiche Untersuchungsbohrungen und durch Analysen von Bauxitproben zu bestätigen. Besonders im Gebiet von Nyirád (mit linsenförmiger Lagerung des Bauxits) sowie in den Bauxitlagerstätten des Gebietes von Gánt ist die Beziehung zwischen vorbildender Tektonik und der Qualität des Bauxits offensichtlich. Die jungkimmerischen Bewegungen verwarfen weder den unter- noch den oberkretazischen Bauxit, während die austrischen Bewegungen bereits die im Barrême-Bauxithorizont entstandenen Bauxite berührten und nur die oberkretazischen Bauxite nicht erfaßten.

Abb. 7 zeigt weiter die Verwerfungen der subherzynen Phase und ihren Zusammenhang mit dem Bauxitkörper. Diese Bewegungen konnten jedoch bis jetzt in den Bauxitfolgen noch nicht mit Sicherheit nachgewiesen werden. Die subherzynen Bewegungen verwarfen den unterkretazischen Bauxit, während sie dem oberkretazischen synorogen waren, bzw. stellen sie unmittelbar den Abschluß der Bauxitbildung dar, da dann die Transgression einsetzte. Für die Qualität des Bauxits ist das von erheblicher Bedeutung, da diese Bewegungen die Ausbildung der Mächtigkeit und der Qualität des Bauxits beeinflußten (sie äußerten sich in einer Verschlechterung der Qualität).

In 4 ist der wichtigste Fall der laramischen Bewegungen dargestellt. Die Verwerfung erfaßt den Bauxit und die unmittelbar darüberliegende oberkretazische Schichtenfolge, wirkt sich aber auf das Eozän bereits nicht mehr aus. Derartigen Bewegungen begegnet man am häufigsten im Halimba-Becken, in dem sie durch die neuesten Untersuchungen jetzt wahrscheinlich gemacht werden konnten. Die laramischen orogenen Bewegungen haben die Qualität des Bauxits vermutlich verschlechtert, wie die in der Nähe der Verwerfung nachgewiesene Vertonung zeigt.

Die Bewegungen der pyrenäischen orogenen Phase (5 u. 6) verwerfen einen Teil der über dem Bauxitkörper befindlichen Bildungen. Die Verwerfung erfaßt alle Glieder des Eozäns und reicht bis zum Miozän. Sie bewirkte in den ungarischen Bauxitgebieten ganz allgemein eine sehr starke Diskordanz; das Oligozän fehlt, und über dem Nummulitenkalk des Mitteleozäns oder auf dem Mergel des Obereozäns liegt mittleres Miozän mit Helvet und Torton. Daher hat praktisch die savische bzw. altsteirische Phase das gleiche

Abb. 3. Karsthügel des liegenden Dolomits, unten Verwerfungsfläche mit Rutschstriemen — Gánt, Harasztos

Abb. 5. Bauxitlager in einem tektonischen Graben — Gánt, Bagolyhegy
a — Hauptdolomit, b — Bauxit, c — Verwerfung

Ergebnis. Diese Erscheinung trifft man ziemlich häufig im Bauxitgebiet von Nyirád.

Im Fall 6 sind die in der attischen Phase gestörten jüngsten Bildungen miozänen Alters (meist oberes Miozän). Eine Verwerfung der darüber liegenden pannonischen Schichten ist auf die rhodanische Phase zurückzuführen. Diese Bewegungen, die häufig als wiederaufgelebte frühere Verwerfungen nachweisbar sind, haben die Qualität des Bauxits in der Verwerfungszone unmittelbar verschlechtert. Im allgemeinen ist die Sprunghöhe dieser wiederaufgelebten Verwerfungen recht erheblich, sie verwerfen in fast jedem Fall auch den Bauxitkörper.

Theoretisch sind sowohl Überschiebungen als auch Zerrungen möglich. Aber nur in einigen Fällen wurden Überschiebungen nachgewiesen, am häufigsten kommen Kombinationen von Überschiebungen und Zerrungen vor.

Zusammenfassend läßt sich über den Zusammenhang zwischen Tektonik und Bauxitqualität sagen, daß Verwerfungen die Akkumulation der Grundmasse des Bauxits, die Bauxitisierung und die Qualität unmittelbar beeinflussen. Die der Bauxitbildung synorogenen oder die jüngeren Bewegungen, die im allgemeinen den entstandenen Bauxitkörper verwerfen, haben eine die Qualität des Bauxits mindernde Wirkung. Da sie wasserführend sind, kommen Verunreinigungen in den Bauxit, außerdem öffnen sie den Weg für die epigenetische, von oben erfolgende Vertonung. Sie dürfen deshalb weder in geologischer noch in bergmännischer und wirtschaftlicher Hinsicht (Erzvorräte) vernachlässigt werden.

3. Die Genese des ungarischen Bauxits

Die Theorien der Bauxitentstehung

Bei der kritischen Einschätzung der Ansichten über die Genese des ungarischen Bauxits stützt sich Verf. auf die Arbeiten der besten Kenner der ungarischen Bauxite, z. B. auf ELEMÉR VADÁSZ, KÁLMÁN BARNABÁS, JENŐ NOSZKY jr. und GYÖRGY BÁRDOSSY.

Zu den Fragen, die nach dem heutigen Stand der Kenntnisse noch endgültig gelöst werden müssen, gehören: Aus welchem Material läßt sich der Bauxit ableiten? Was ist seine Grundmasse? Woraus kann die Grundmasse abgeleitet werden? In welchem Medium wurde das Material sedimentiert? Wie erfolgt die Herausbildung diagenetischer Zonen in der Bauxitschicht? Ist die untere, schlechte Qualität aufweisende Zone echter residualer Ton oder aber nachträglich resilifizierter Bauxit? Kann man von einem Bauxitbildungszeitabschnitt oder von Bauxitbildungsphasen in der Kreide sprechen?

Abb. 4. Durch den Bergbau aufgeschlossene Verwerfungsfläche des Dolomits — Gánt, Harasztos
a — Bauxit; b — Hauptdolomit; Verwerfungsfläche mit Rutschstriemen

Verf. behandelt nur die Entstehung der „Karstbauxite" und nicht das einfachere Problem der Lateritbauxite, da dieses heute bereits im wesentlichen bis auf Einzelheiten geklärt ist.

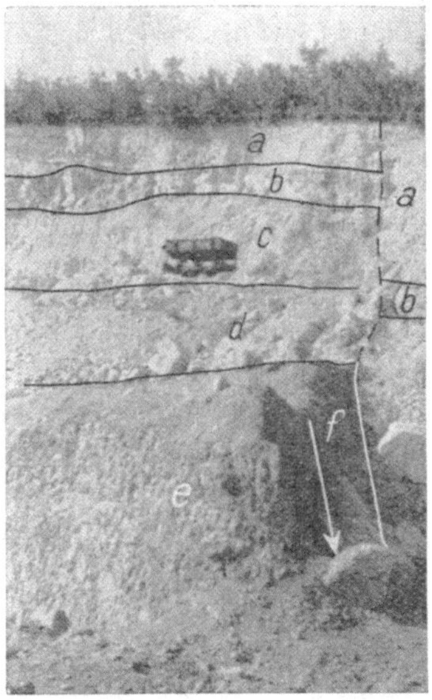

Abb. 6. Verwerfung im Bauxit — Gánt, Bagolyhegy
a — Ton, Gerölle; b — Kalkstein; c — Ton; d — Gerölle; e — Bauxit; f — Verwerfung

In früheren Auffassungen wurde die Theorie vertreten, daß der ungarische Bauxit aus lateritischen, also magmatischen Gesteinen im Verlauf der chemischen Verwitterung entstanden sein sollte. So leitete z. B. KÁROLY TELEGDI-RÓTH die Grundmasse der Bauxitlagerstätten von Gánt aus dem Granitmagma des nahen Velence-Gebirges ab. Diese Ableitung aus dem Laterit konnte sich jedoch nicht behaupten, da es sich bei den ungarischen Bauxiten um Karstbauxite handelt. Die Theorie, nach welcher der Bauxit von der „Terra rossa" abgeleitet wurde, hielt sich sehr lange in der ungarischen Bauxitgenetik, aber heute kann auch diese Erklärung bereits nicht mehr als restlos befriedigend betrachtet werden.

Im Gegensatz zur Entstehung der Lateritbauxite bereitet die Herkunft der Grundmasse bei der Entstehung der Karstbauxite Schwierigkeiten. In den früheren

Auffassungen wurden die Bauxite mit karbonatischer Unterlage aus unter entsprechenden Verhältnissen (tropisches, subtropisches und mediterranes Klima) akkumulierten Verwitterungs- und Lösungsrückständen karbonatischer Gesteine als Grundmasse abgeleitet. Das entsprach der Theorie von der „Terra-rossa"-Verwitterung, wonach bei der Verwitterung im tropischen, subtropischen oder mediterranen Klima hauptsächlich Kalziumkarbonat und Kalziumhydrogenkarbonat herausgelöst werden, während der unlösliche mineralische Anteil der karbonatischen Gesteine zurückbleibt. Nach LAPPARENT, einem der Hauptvertreter der Theorie von der „Terra-rossa"-Entstehung der Bauxite, wurde die bei der terrestrischen Verwitterung entstandene Substanz nicht oder nur über kurze Entfernungen weggeführt. Er betrachtete den Bauxit daher als Rückstandssediment (Regulit, Eluvium), dessen Substanzzuwachs aus dem liegenden Kalkstein erfolgte, also von unten her. Daraus folgt, daß im Falle der an Ort und Stelle verbliebenen Substanz der untere Teil der Bauxitschicht jünger ist als ihr oberer Teil. Nach unseren heutigen Kenntnissen kann diese Theorie nicht mehr länger aufrechterhalten werden. Unter anderem sprechen folgende Argumente dagegen:

Die Tatsache, daß in den ungarischen primären Bauxitlagerstätten überall im Liegenden Dolomit und Kalkstein auftreten, gestattet den Schluß, daß bei der Entstehung der Grundmasse des Bauxits und auch bei der Bauxitisierung diese Liegendgesteine ebenso wie das damalige Relief dieser Gesteine große Bedeutung hatten. Wahrscheinlich ist die Grundmasse der ungarischen Bauxite zum Teil aus dem Lösungsrückstand der Dolomit- und Kalksteinmassen hervorgegangen, aber nicht in ihrer Gesamtheit und nicht unmittelbar. Durch chemische Analysen wurde nachgewiesen, daß Dolomit und Kalkstein sehr geringe Mengen Aluminium und Eisen enthalten. Für die Ableitung großer Bauxitmassen müßte daher eine derartige Menge karbonatischer Gesteinsmassen angenommen werden, deren Entstehung und Auflösung in der damaligen Zeit einfach undenkbar ist. Die Grundmasse der ungarischen Bauxite ist daher wahrscheinlich größtenteils anderer Herkunft. Die im letzten Jahrzehnt durchgeführten mineralogischen, Spurenelement- und mikroskopischen Untersuchungen (E. NEMECZ, T. GEDEON, J. KISS) haben nachgewiesen, daß in einigen ungarischen Bauxitsorten, z. B. in denen von Gánt, Iszkaszentgyörgy und Nyirád, Spurenelemente saurer magmatischer Gesteine in größerer Zahl und quantitativ stärker in Erscheinung treten als Spurenelemente basischer Gesteine. Man darf annehmen, daß ein Teil der Grundmasse der Bauxite das Verwitterungsprodukt ehemals an der Oberfläche liegender saurer magmatischer Gesteine ist. Die Verwitterungsprodukte dieser Gesteine wurden in tiefer gelegene Sedimentationsräume verfrachtet, und sie vermischten sich dort mit dem durch „Terra-rossa"-Verwitterung entstandenen Verwitterungsschutt der Kalksteine; anschließend erfolgte die Bauxitisierung. Diese neuere Annahme bringt die beiden verschiedenen Ausgangsrichtungen der lateritischen Verwitterung und der „Terra-rossa"-Verwitterung in Einklang. Das bedeutet, daß beim Zusammentreffen beider Substanzen, die jede aus einem besonderen Material bestanden und besondere Verwitterungs- und Transporttypen darstellen, eine im großen und ganzen tonige Grundsubstanz entsteht.

„Das Ausgangssediment der Bauxitbildung, das im Verlauf der Diagenese in ein Bauxitgestein umgewandelt wird, besitzt also in beiden Fällen tonigen Charakter (Siallit)" (E. VADÁSZ 1951).

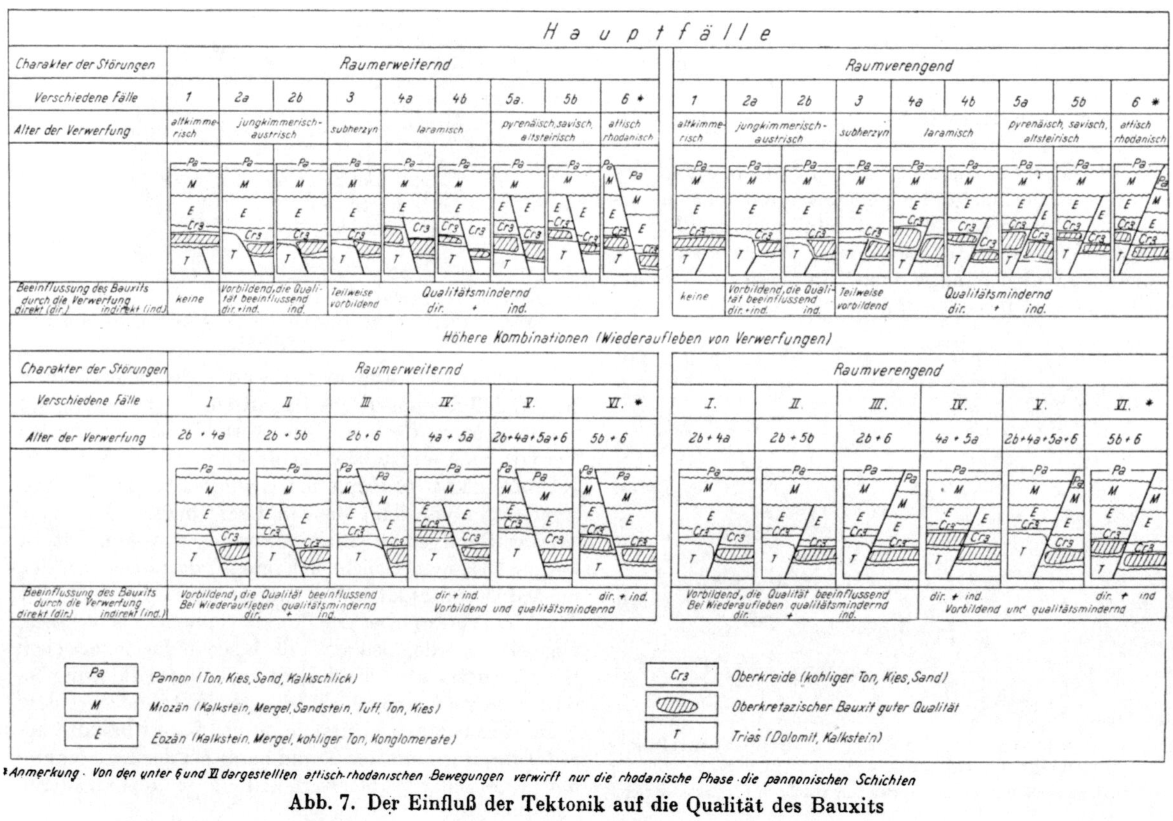

*Anmerkung: Von den unter 6 und VI dargestellten attisch-rhodanischen Bewegungen verwirft nur die rhodanische Phase die pannonischen Schichten

Abb. 7. Der Einfluß der Tektonik auf die Qualität des Bauxits

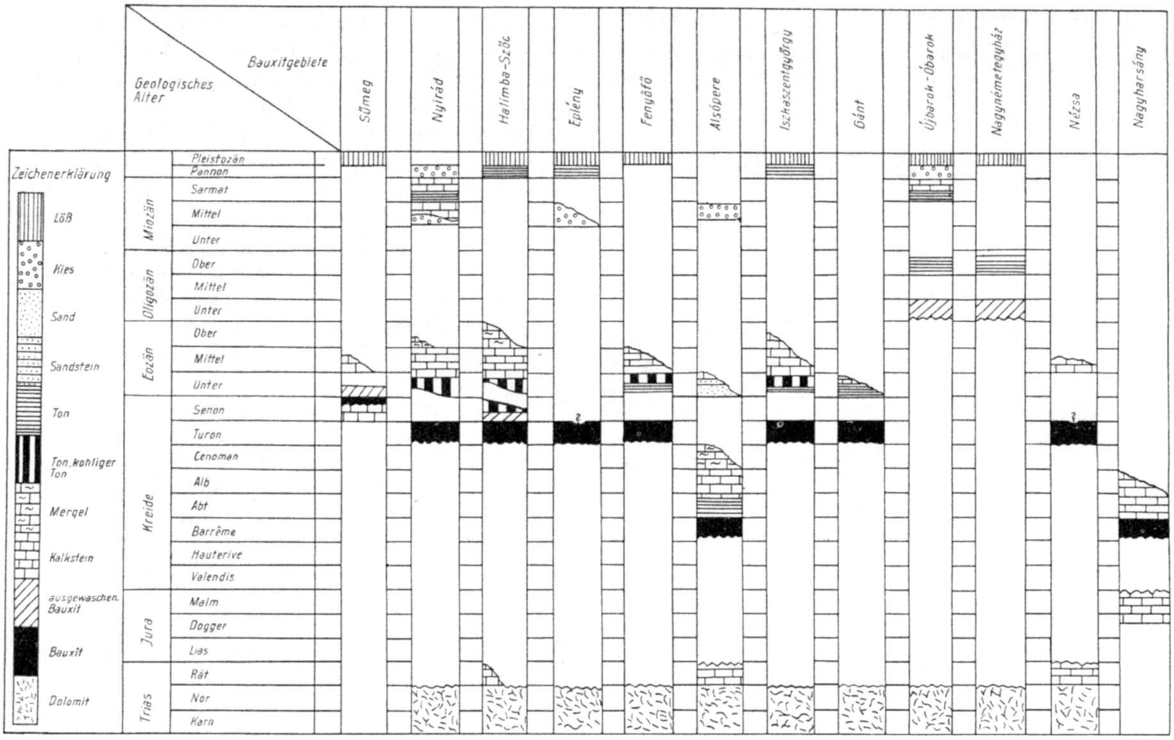

Abb. 8. Stratigraphische Stellung der ungarischen Bauxite in den verschiedenen Gebieten (nach G. BÁRDOSSY)

Gegen die ausschließliche Ableitung aus einer karbonatischen Gesteinsmasse spricht auch die autigenklastische Textur des Bauxits. Ein an Ort und Stelle gebliebenes Material, das seinen Zuwachs aus dem Liegenden erhält, schließt einen Transport der Substanz aus. Die in der Bauxitfolge zu beobachtenden Pisolithe und Pseudokiese beweisen aber zweifellos einen Transport.

Positiv an diesen Ausführungen, die nur theoretische Angaben brachten, die durch praktische Untersuchungen noch nicht bestätigt worden sind, ist, daß von den früheren Auffassungen die bekannte „Terra-rossa-Theorie" nicht mehr als alleingültig betrachtet werden kann.

Die vielen Erklärungen für die Möglichkeiten der Bauxitbildung beweisen, wie kompliziert dieses Problem ist. Ausgehend von durch Untersuchungen und Beobachtungen gestützten Annahmen, kann der Bauxit als Festlandsbildung angesehen werden. Nach den bisherigen Kenntnissen bildet bei den Karstbauxiten die ungleichmäßige Karstoberfläche, in deren Vertiefungen der Bauxit diskordant lagert, dafür den wichtigsten Beweis.

Für die terrestrische Entstehung spricht auch der Mangel an organischen Resten bzw. weisen die selten auftretenden organischen Spuren festländischen Charakter auf. Ferner beweisen den festländischen Bildungscharakter das allgemeine Fehlen einer Schichtung in der Bauxitfolge und besonders der Mangel an sonstigen Mineralbruchstücken (Quarz, Glimmer). Auf eine Sedimentation im Seichtwasser weisen in einigen Fällen Schichtung und Kreuzschichtung hin (Alsópere, Iszkaszentgyörgy, Gánt). Die am häufigsten zu beobachtende rote Färbung stammt schließlich von wasserfreiem Eisenoxyd (Hämatit). Sie zeigt an, daß auf dem Festland wahrscheinlich ein Klima mit $> 20°$ Durchschnittstemperatur und periodischen Niederschlägen herrschte.

Da man bei festländischer Entstehung des Bauxits nicht nur mit in situ verbliebenem Material, sondern zum größten Teil mit umgelagertem Material rechnen kann, taucht natürlich die Frage nach der Art des Transportes auf.

Zu unterscheiden ist vor allem zwischen der Sedimentation der Grundmasse, der Bauxitierung und der endgültigen Bauxitbildung. Abgelagert wurde die Grundmasse des Bauxits, ein toniges Sediment, das zusammen mit dem Verwitterungsrückstand (Regulit, Eluvium) in die Sedimentationsräume, z. T. in Vertiefungen der Oberfläche, verfrachtet wurde. Als Transportmittel ist Wasser anzunehmen (Regenwasser, Wasser von Überschwemmungen, zu einem kleinen Teil Flußwasser). Gegenüber dem ausgesprochen linearen Transport durch Flußwasser tritt die flächenhafte Wegspülung in den Vordergrund. Diese Verfrachtung konnte natürlich nur langsam und in einer langen Zeit erfolgen, etwa wie die Oberflächenerosion.

Nach den neueren Untersuchungen war die Akkumulation der Grundmasse des Bauxits in Ungarn keine festländische Akkumulation im engeren Sinne, sondern sie ist als Sedimentation im seichten Binnenwasser, in Seen, Lagunen oder Sümpfen, zu betrachten. Das zeigen die von J. NOSZKY jr. im nördlichen Bakony-Gebirge gefundenen Krokodilzähne und Knochenreste; K. BARNABÁS fand im oberen pyritführenden Teil der Bauxitfolge von Halimba pyritisierte *Equisetum*-ähnliche Pflanzenreste und eine Süßwasserschneckenfauna (*Pyrgulifera glabra*, *Pyrgulifera* cf. *pichleri*, *Melania heberti*, *Strophostomella cretacea*).

Auch die im Bauxit gefundenen Mikrofossilien — M. DEÁK bestimmte bei ihren pollenanalytischen Untersuchungen 51 verschiedene Arten (insgesamt 563 Exemplare) sowie 2 Arthropodenschuppen — weisen auf eine festländische, im wäßrigen Medium erfolgte Bauxitbildung hin. Der Sporen- und Polleninhalt des untersuchten Materials ist als Rest tropischer und subtropischer Pflanzen zu betrachten (M. DEÁK 1957).

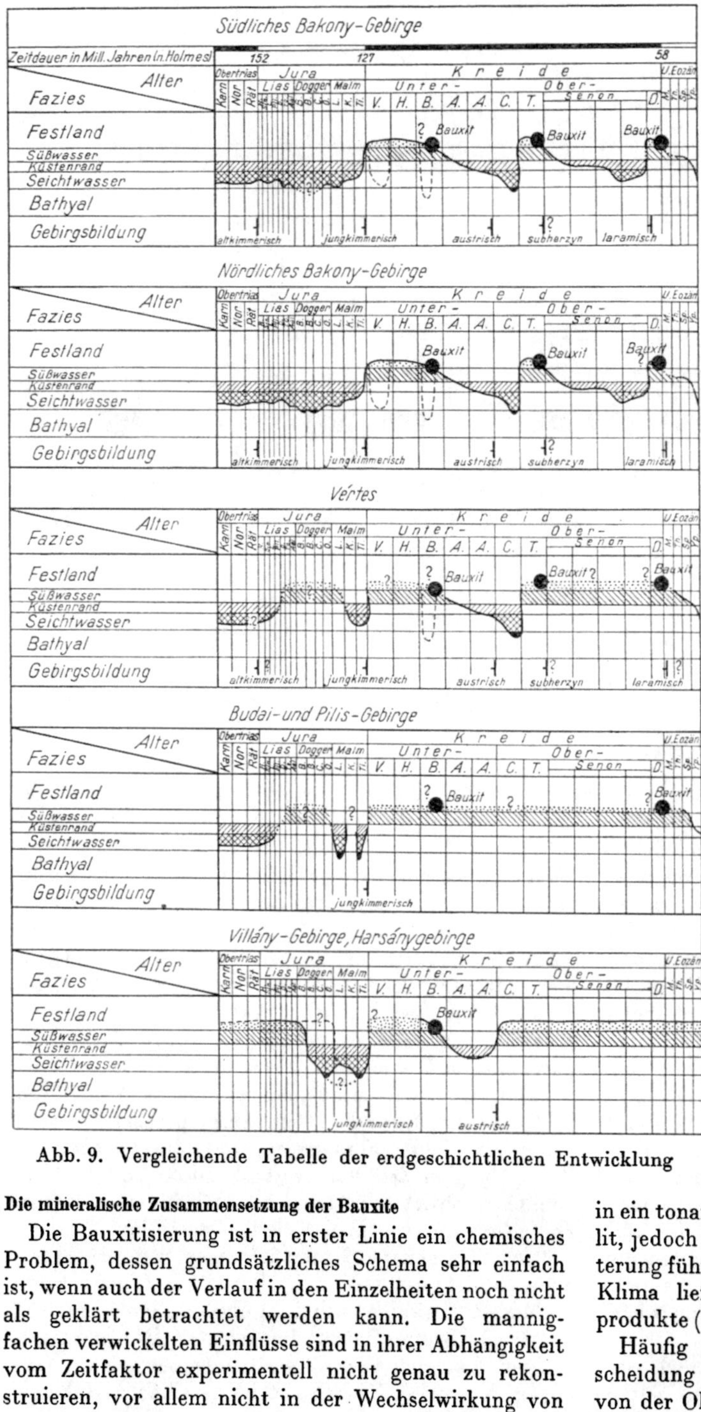

Abb. 9. Vergleichende Tabelle der erdgeschichtlichen Entwicklung

Die mineralische Zusammensetzung der Bauxite

Die Bauxitisierung ist in erster Linie ein chemisches Problem, dessen grundsätzliches Schema sehr einfach ist, wenn auch der Verlauf in den Einzelheiten noch nicht als geklärt betrachtet werden kann. Die mannigfachen verwickelten Einflüsse sind in ihrer Abhängigkeit vom Zeitfaktor experimentell nicht genau zu rekonstruieren, vor allem nicht in der Wechselwirkung von Raum und Zeit.

Nach K. Barnabás (1955) besteht „das Wesen des chemischen Vorgangs, der die Bauxitisierung bewirkt, darin, daß die Kieselsäure und das Aluminium der Aluminiumhydrosilikate gelöst werden, daß die Kieselsäurelösungen aus der Bauxitfolge ausgelaugt werden und daß sich das Aluminiumhydroxyd innerhalb der Bauxitfolge ausscheidet und anreichert. Damit parallel geht eine gewisse Anreicherung von Eisenoxyd und Titanoxyd. Reichliche periodische Niederschläge, Kohlendioxyd, organische Säuren und Alkalikarbonatlösungen sind Faktoren, die diesen Vorgang begünstigen. Diese Voraussetzungen sind im tropischen und subtropischen Klima in ausreichendem Maße gegeben. Dieser ganze chemische Prozeß ist p_H-abhängig, er hängt auch in erheblichem Maße von den Entwässerungsverhältnissen ab. Diese Vorstellung vom Verlauf der Bauxitentstehung entspricht eigentlich der Theorie der Lateritbildung."

Aus den Ergebnissen der chemischen und mineralogischen Untersuchung der Bauxite (T. Gedeon, M. Földváriné-Vogl, M. Mariássy, E. Nemecz) geht hervor, daß die räumliche Verteilung der Aluminiumminerialien nicht immer der theoretischen, experimentell zu beweisenden Reihenfolge entspricht, die sich bei der künstlichen Herstellung von Aluminiumtrihydrat- und Aluminiummonohydratmineralien ergibt. Der Grund dafür ist vor allem darin zu suchen, daß neben der wechselnden Wasserbedeckung der Grundmasse die Druckänderung und bei der Diasporbildung der Druck- und der Temperatureinfluß eine großeBedeutung besitzen. Die letztgenannten Vorgänge greifen bereits auf das Gebiet der Metamorphose über.

Bei den ungarischen Bauxiten handelt es sich meist um monohydratische und nur zu einem kleinen Teil um trihydratische. Am häufigsten tritt der gemischte Typ (monohydratisch-trihydratisch) auf, in diesem überwiegt nach dem Monohydrat-Trihydrat-Verhältnis das Monohydrat. Typisch trihydratische Bauxite kommen in den Gebieten von Szőc und Eplény sowie in einem Teil des Gebietes von Iszkaszentgyörgy (Kincses, József, Bitó) vor. Die Trihydrat-Bauxite haben einen hohen Glühverlust (19—28%). Die bauwürdigen Bauxite der Lagerstätten des Gebietes von Nyirád sind vom Monohydrat-Typ, in ihnen herrscht Böhmit vor, aber in einzelnen Erzsorten ist auch Hydrargillit zu finden (vgl. Tab.).

Nachträgliche Veränderungen in den Bauxiten

Wie jedes andere Gestein der Erdkruste ist der entstandene Bauxit ständig den Wirkungen der exogenen und endogenen Kräfte ausgesetzt. Die Oberflächenwässer lockern den Bauxit auf, machen ihn für die Wasseraufnahme geeignet, verwandeln ihn in ein tonartiges Gestein; er wird zwar damit nicht zu Siallit, jedoch plastisch. Die weitere Einwirkung der Verwitterung führt zur Bleichung des Bauxits. Im mediterranen Klima liefert der Bauxit Terra-rossa-Verwitterungsprodukte (E. Vadász 1956).

Häufig ist Kalkspat als nachträgliche Mineralausscheidung in Spalten des Bauxits zu finden. Oft sind von der Oberfläche her vordringende Verunreinigungen zu beobachten, die die Qualität des Bauxits herabsetzen (Halimba, Nyirád). An manchen Stellen entsteht im Bauxit feinkörniger Pyrit.

Tektonische Einwirkungen ändern sowohl die Struktur als auch die Qualität des Bauxits; es zeigen sich Schlechten, die Qualität wird herabgesetzt. Die Druck- und Temperaturverhältnisse bedürfen noch detaillierter Untersuchungen. Das vollständig umgewandelte Aluminiummineral im Bauxit, der Korund, entsteht experimentell bei einer Temperatur von 1200 °C. Die Umwandlung der Aluminiumminerialien ist nicht an das geologische Alter gebunden.

Bei der Gliederung der ungarischen Bauxitfolgen in diagenetische Zonen sind im allgemeinen drei Zonen

Tab. Chemische und mineralogische Zusammensetzung einiger charakteristischer ungarischer Bauxite (nach K. BARNABÁS)

Bauxitgebiete	Probe Nr.	Chemische Zusammensetzung in %													Mineralogische Zusammensetzung in %				
		Al_2O_3	SiO_2	Fe_2O_3	TiO_2	Glüh-verl.	CaO	MgO	P_2O_5	V_2O_5	Cr^+ Cr_2O_3	MnO_2^+ MnO $Mn_2O_3^{++}$	SO_3	Modul	Böhmit	Hydrargillit	Kaolinit	Hämatit	Goethit
Nyirád	1	62,61	1,42	22,93	2,41	12,10	0,14	0,20	0,20	0,08	0,07	Sp.	0,15	44,1	69	—	3	15	9
	2	54,59	2,76	23,42	4,30	13,59	0,22	0,10	0,10	0,13	0,09	0,49	0,58	19,8	50	14	6	20	—
	3	51,45	8,62	25,44	2,75	11,62	0,57	0,29	0,23	0,12	0,08	0,46	0,35	6,0	52	—	18	23	Sp.
Halimba	4	57,24	1,80	26,60	2,50	11,20	0,25	0,13	0,04	0,13	0,10	0,01	0,57	31,8					
	5	56,87	6,33	22,12	2,64	11,90	0,30	0,22	0,08	0,04	0,05	Sp.	—	9,0	60		14	22	
	6	48,10	14,30	23,08	1,68	11,21	0,20	0,68	0,22	0,11	0,04	0,15	—	3,4	43		31	23	
Szöc	7	52,88	2,40	14,50	2,20	27,90	0,04	0,02	0,06				0,25	22,0					
	8	49,10	1,60	20,00	2,90	26,15	—	—	0,08	0,10		—	0,39	30,7					
	9	49,99	4,88	22,00	2,80	19,16	0,02	—	0,03	0,12		0,18	0,39	10,2					
Iszkaszentgyörgy	10	53,10	2,72	19,90	2,70	20,40	0,50	0,04	0,43	0,08			0,60	19,5					
	11	53,00	5,88	18,70	2,58	19,18	0,20	0,02	0,34	0,10			0,35	9,0					
	12	49,80	11,98	15,60	2,50	19,34	0,28	0,02	0,38	0,08			6,50	4,2					
Gánt	13	60,60	4,00	17,70	2,60	14,30	0,12	0,05	0,34	0,11	—	$0,12^{++}$	0,14	15,2					
	14	52,48	7,67	22,50	2,60	13,90	0,15	0,02	0,58	0,09	Sp.	$0,07^{++}$	0,22	6,8					
	15	47,60	15,43	19,40	2,60	14,14	0,23	0,08	0,33	0,13	—	$0,09^{++}$	0,24	3,1					

zu unterscheiden, zwischen denen keine scharfen Grenzlinien gezogen werden können. Ihre von vielen Faktoren abhängende Ausbildung kann sich mit den Vorkommen, aber manchmal bereits innerhalb eines Abschnittes ändern. Hinsichtlich der Qualität ist die obere Zone im allgemeinen wenig wert, was mit der schwächeren Auslaugung der Kieselsäure und mit den vom Hangenden her eingedrungenen epigenetischen Verunreinigungen oder teilweiser Umlagerung zusammenhängen kann. In der mittleren Zone, die im allgemeinen die größte Mächtigkeit aufweist, ist die Bauxitisierung zum Abschluß gekommen, und sie enthält deshalb auch Bauxit von guter Qualität. Die untere Zone zeigt im allgemeinen wieder sehr schlechte Qualität; das bedeutet, daß diese Zone nur teilweise bauxitisiert wurde oder evtl. nachträglich infolge lateraler, stagnierender Strömung der kieselsäurehaltigen Lösungen infolge Verstopfung der ins Liegende führenden wasserführenden Spalten resilifiziert wurde. Diese Frage ist noch nicht sicher geklärt. Ohne Zweifel ist hier der Wasserführung und der weiteren Umwandlung der Liegendoberfläche eine wichtige Rolle zuzugestehen.

Das Alter der Bauxite

Eines der am schwersten zu lösenden Probleme ist das Alter der Bauxitfolge. In Ungarn sind bisher drei Bauxithorizonte bekannt. Altersmäßig liegen die ungarischen Bauxite daher in mehreren Horizonten vor (Abb. 8).

Der Bauxithorizont bezeichnet im allgemeinen, nach dem Hangenden und dem Liegenden zu urteilen, eine bedeutende Lücke; die Entstehungszeit des Horizontes ist daher meist nur in sehr weiten Grenzen zu bestimmen. In Nagyharsány und Alsópere — das unmittelbar Han-

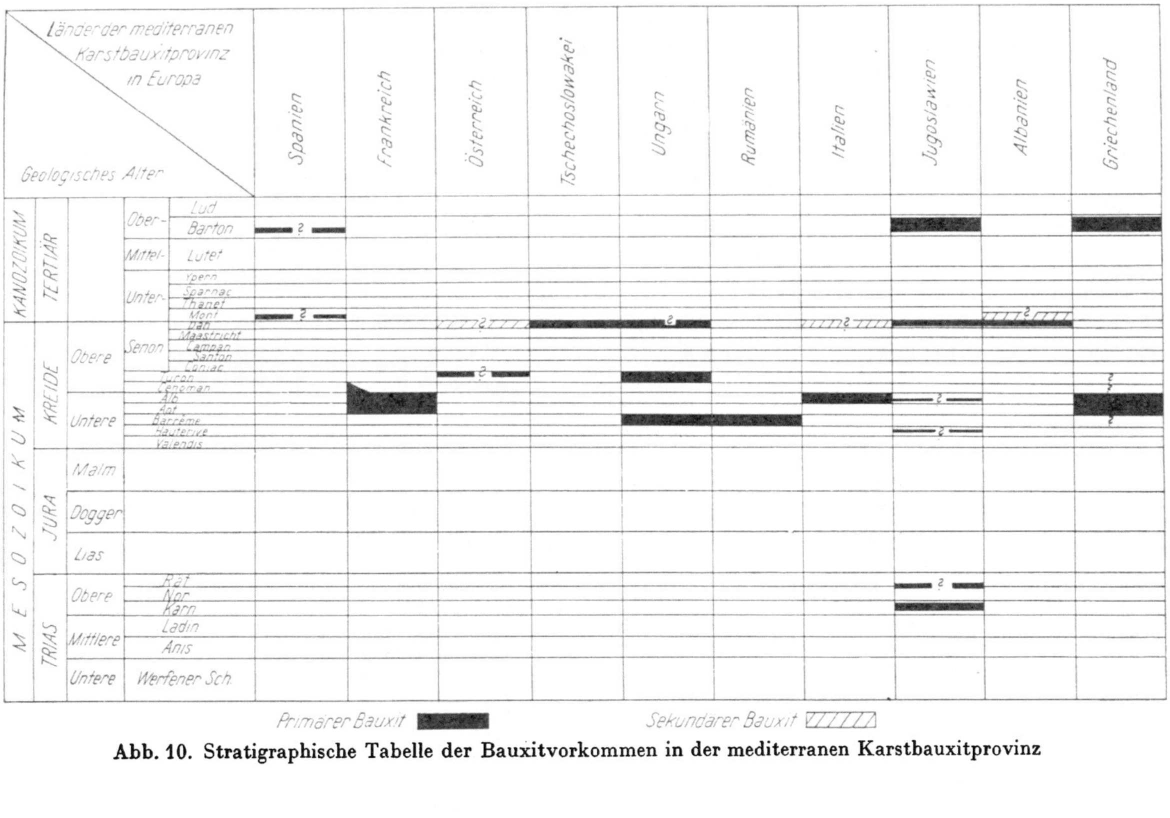

Abb. 10. Stratigraphische Tabelle der Bauxitvorkommen in der mediterranen Karstbauxitprovinz

gende des Bauxits besitzt unterkretazisches Alter — kann also der Bauxit mit Sicherheit in den unteren Bauxithorizont, d. h. ins Barrême, eingestuft werden. Komplizierter wird die Altersbestimmung dann, wenn das Hangende Oberkreide oder Untereozän ist. In diesem Fall hält K. BARNABÁS auf Grund seiner Beobachtungen im südlichen Teil des Bauxitkörpers von Halimba die Bauxitbildung im Zeitabschnitt vor der im Hangenden des Bauxits befindlichen steinkohlenführenden Schichtengruppe von Ajka für wahrscheinlich, nimmt also Turon als Entstehungsalter dieses Bauxits an. Man darf annehmen, daß die Bauxitlagerstätten von Iszkaszentgyörgy, Gánt und einige andere einen noch jüngeren Bauxithorizont darstellen, der gegen Ende der Oberkreide entstand. Im oberen Teil der Bauxitfolgen tritt ein ingressiv lagerndes Glied mit herabgeminderter Qualität auf, das einen kontinuierlichen Übergang zu untereozänen Tonen aufweist. Das Alter dieses Bauxitkörpers kann man auf die Grenze zwischen Kreide und Eozän festlegen, an manchen Stellen kann man ihn vielleicht schon ins Untereozän stellen. Die stratigraphische Stellung der wichtigsten ungarischen Bauxitlagerstätten ist in Abb. 8 dargestellt.

In Abb. 9 wurde in einem knappen paläogeographischen Schema das bisher über das Bauxitproblem Gesagte zusammengefaßt. Die Kurven der Erdentwicklung wurden für Gebiete, die eine größere geologische Einheit darstellen, von der Trias bis zum Eozän aufgestellt. Aus dem Schema geht hervor, daß die einzelnen Gebiete zeitliche und räumliche Unterschiede im erdgeschichtlichen Entwicklungsgang aufweisen, mit wechselnder Ausbildung von Meeresüberflutung (Transgression) und Verlandung (Regression).

4. Die stratigraphische Stellung der ungarischen Bauxite in der mediterranen Karstbauxitprovinz

Die überwiegende Mehrheit der europäischen Bauxitlagerstätten gehört in die Gruppe der Karstbauxite. Dieser Lagerstättentyp tritt in Süd- und Mitteleuropa in der sogenannten mediterranen Karstbauxitprovinz auf. Zeitlich gehören sie hauptsächlich ins Mesozoikum (Trias, Kreide) und reichen bis zum Eozän. Sicher nachgewiesene jurassische Bauxite gibt es nicht, was in einem bestimmten Maß mit den zur damaligen Zeit in Europa herrschenden marinen Verhältnissen zusammenhängen mag. Zur mediterranen Karstbauxitprovinz können wir folgende Gebiete rechnen: Katalonien in Südspanien (mit eozänem Bauxit), nördliches Vorland der Pyrenäen, die Gebiete der französischen Riviera in Südfrankreich (mit kretazischem Bauxit), kleinere Bauxitvorkommen in der Gegend von Dreistätten, Hieflau und im Laussa-Tal in Österreich (Trias—Kreide?), nordwestliche Karpaten, Tschechoslowakei (Kreide), westlich der Donau in Ungarn (Kreide), im westlichen Siebenbürgen im Bihargebirge, Rumänien (Kreide), in Italien in den Appeninnen, Abruzzen und in Apulien (Kreide), Istrien, Dinariden in Jugoslawien (Trias, Kreide, Eozän), in den Küstengebirgsketten Albaniens (Kreide, oberes Oligozän und unteres Miozän — sekundärer Bauxit), Parnassos—Öta—Helikon, Aspra, Spitia, Euböa, Amorgos, Pindos-Olonos-Zug in Griechenland (Kreide, Eozän); Fortsetzung in Kleinasien im Taurus.

Stratigraphisch bestehen zwischen den Bauxithorizonten der ungarischen Kreide und denen der jugoslawischen Kreide gewisse Parallelen (s. Abb. 10), und zwar ist der in den Dinariden im Senon auftretende Bauxithorizont dem Bauxithorizont im Senon bei Sümeg analog. In den Dinariden besteht das Liegende des Bauxits aus senonischem Rudistenkalk, in Ungarn dagegen aus senonischem Hippuritenkalk.

Der in Südungarn bei Nagyharsány vorkommende Bauxit ist eher mit den siebenbürgischen Bauxiten (Rumänien) oder mit den griechischen Bauxiten im Gebirgszug von Parnassos—Öta—Helikon zu vergleichen.

Abgesehen von rein örtlichen Faktoren (Morphologie, Sedimentation, Transport, Kieselsäureauslaugung, Wasserabfuhr, Klima) waren auch innerhalb der mediterranen Karstbauxitprovinz die Bedingungen der Bauxitbildung recht unterschiedlich, so daß zeitlich und räumlich auch ziemlich unterschiedliche Bauxite entstehen konnten. Hinsichtlich des wesentlichsten genetischen Problems, d. h. in bezug auf die Lagerung der Grundmasse, kann man die mediterrane Karstprovinz aber als ein einheitliches Ganzes betrachten; denn das Liegende besteht überall aus einer verkarsteten, aus karbonatischen Gesteinen bestehenden Oberfläche.

Zusammenfassung

Bei den ungarischen Bauxiten, die typische Karstbauxite darstellen, kennt man folgende Lagerungsformen:

1. Typ der sogenannten linsenförmigen Lagerung, 2a. Typ der relativ ruhigen Lagerung, 2b. Typ der tektonisch zerstückelten Lager, 3. Typ der kettenförmig aufeinanderfolgenden Linsen.

Die Verwerfungen beeinflussen unmittelbar die Akkumulation der Grundmasse des Bauxits, die Bauxitisierung und die Qualität der Bauxite. Als Ausgangsmaterial des Bauxits werden Lösungsrückstände der Dolomite und Kalksteine sowie die Verwitterungsprodukte ehemals an der Oberfläche liegender saurer magmatischer Gesteine angenommen. Die Sedimentation der Grundmasse erfolgte in seichtem Binnenwasser, also in Seen, Lagunen oder Sümpfen. Stratigraphisch werden die meisten ungarischen Bauxitlagerstätten ins Turon gestellt.

Резюме

У венгерских бокситов, представляющих собой типичные карстовые бокситы, известны следующие формы залегания:

1) Тип так наз. линзообразного залегания; 2а) тип относительно спокойного залегания; 2б) тип тектонически разбитого залегания; 3) тип линз, расположенных цепочками. Сбросы влияют непосредственно на накопление основной массы боксита, бокситизацию и качество бокситов. Предполагается, что исходным материалом боксита служили возникшие при растворении доломитов и известняков остатки, а также продукты выветривания раньше расположенных на поверхности кислых магматических пород. Седиментация основной массы происходила в неглубоких внутриконтинентальных водах, т. е. в озерах, лагунах или болотах. Большинство венгерских месторождений боксита относят к туронскому ярусу.

Summary

Hungarian bauxites which are typical karst bauxites show the following forms of bedding:

1. type of the so-called lenticular bedding; 2a. type of the relatively calm bedding; 2b. type of tectonically dismembered beds; 3. type of lenses forming successive chains. Faults immediately influence the accumulation of the bauxite groundmass, bauxitization and bauxite quality. Solution residues left from dolomites and limestones as well as weathering products of acid magmatic rocks formerly lying at the surface are supposed to be the original material of the bauxite. The sedimentation of the groundmass took place in shallow inland waters, such as lakes, lagoons or marshes. From a stratigraphic point of view most of the Hungarian bauxite deposits are assigned to the Turonian.

Literatur

BARNABÁS, K.: Die geologischen Verhältnisse des ungarischen Bauxitbergbaus. – Bányászati Lapok (Z. f. Bergbau), Nr. 9, 1955 (ung.).
– Geologische Untersuchung der Bauxitgebiete von Halimba und Nyirád. – Jb. Ung. Staatl. Geol. Inst., 1957 (ung.).
BÁRDOSSY, G.: Der Bauxit bei Szőc und Nyirád. – Jb. Ung. Staatl. Geol. Inst., 1957 (ung.).
– The geochemistry of Hungarian bauxites, Part I–II. – Acta Geologica Acad. Sci. Hung., 1958.
– The geochemistry of Hungarian bauxites, Part III–IV. – Acta Geologica Acad. Sci. Hung., 1959.
BERTALAN, K.: Untersuchung der Bauxite von Fenyőfő, Csesznek und Dudar. – Jb. Ung. Staatl. Geol. Inst. 1957 (ung.).
DEÁK, M.: Pollenanalytische Untersuchung des ungarischen Bauxits. – Földtani Közlöny (Geol. Mitteilungen), 1957 (ung.).
DEÁK, M. & I. PÁLFALVI: Pflanzenreste im Bauxit von Halimba. – Földtani Közlöny, 136, 1958 (ung.).
FÖLDVÁRINÉ-VOGL, M.: DTA-Untersuchung der mineralogischen Zusammensetzung der ungarischen Bauxitsorten. – Nachr. Ung. Akad. Wiss., Kl. Techn. Wiss., 1952 (ung.).
GEDEON, T.: Mineralogische Zusammensetzung und technische Verwertbarkeit des Bauxits. – Földtani Közlöny, 1954 (ung.).
KISS, J.: Recherches sur les bauxites de la Hongrie I (Gánt). – Acta Geologica Sci. Hung., 1955.
NEMECZ, E.: Die Eisenmineralien des Bauxits. – Földtani Közlöny, 1953 (ung.).
SZABÓ, E.: Bericht über die Ergebnisse der Vorratsberechnung und die durchgeführten Untersuchungsarbeiten in den Linsen I, II, III, IV und VII der Bauxitlagerstätte Nyirád-Dütnyires. – Ber. d. Betriebs für Bauxiterkundung Bd. I.
SZABÓ, PÁL. Z.: Die klimageschichtlichen Beziehungen der ungarischen Karstformen. – Földrajzi Közlemények (Geogr. Mitteilungen), 2, 1956 (ung.).
SZÁDECZKY-KARDOSS, E.: Geochemie. – Akademie-Verlag, Budapest 1955 (ung.).
SZANTNER, F. & M. ERDÉLYI: Bericht über die Untersuchungsarbeiten und die Vorratsberechnungen, die in den Bauxitlinsen II, III, IV, IX und XI bei Darvastó und den Linsen I, III und IV bei Nagytárkány-Puszta durchgeführt wurden. – Ber. d. Betriebs für Bauxiterkundung, Bd. I.
SZANTNER, F. & K. POZSGAY: Bericht über die Ergebnisse der auf der Bauxitlagerstätte Kislőd-Öreghegy durchgeführten Arbeiten und der Vorratsberechnung. – Ber. d. Betriebs für Bauxiterkundung, Bd. I.
VADÁSZ, E.: Der geologische Bau der ungarischen Bauxitlagerstätten. – Jb. Ung. Staatl. Geol. Inst., 1946 (ung.).
– Geologie des Bauxits. – Akademie-Verlag, Budapest, 1951 (ung.).
– Geologie Ungarns. – Akademie-Verlag, Budapest, 1953 (ung.).
– Analytische Geologie. – Akademie-Verlag, Budapest, 1955 (ung.).
– Bauxit und Terra rossa. – Földtani Közlöny, Bd. 86, H. 2, 1956.
– Erdgeschichte und Entwicklung. – Akademie-Verlag, Budapest, 1957 (ung.).
– Geologie Ungarns. – Zweite überarbeitete und erweiterte Auflage, Akademie-Verlag, Budapest, 1960 (ung.).

Beitrag zur Durchführung hydrogeologischer Forschungen in Braunkohlenrevieren[1]

JAN TRACHTULEC, Most

Braunkohlenlagerstätten werden in der Regel von ausgiebig wasserführenden, aber schwer zu entwässernden Sandschichten begleitet. Deshalb ist eine Vorentwässerung vor Beginn eines Tief- oder Tagebauaufschlusses unumgänglich, und die Entwässerungsarbeiten müssen auch noch während des Abbaubetriebes ständig fortgesetzt werden. Die Entwässerungsarbeiten erschweren nicht nur den eigentlichen Abbau, sondern erhöhen auch die Gestehungskosten. Um aber den günstigsten Tagebauaufschluß und die zweckmäßigste und billigste Entwässerungsmethode zu finden, ist es erforderlich, den Projektierungsbüros vollkommenes Unterlagenmaterial über die Grundwasserverhältnisse zur Verfügung zu stellen.

Ausgehend von seinen bei hydrogeologischen Untersuchungsarbeiten in verschiedenen Braunkohlenrevieren der ČSSR gesammelten Erfahrungen, berichtet Verf. über Grundregeln für die Durchführung hydrogeologischer Forschungen in Braunkohlenrevieren. Die hydrogeologischen Untersuchungsarbeiten erreichten in der ČSSR besonders in letzter Zeit ein hohes Niveau, vor allem auf dem Gebiete der Entwässerung von Braunkohlentief- und -tagebauen.

Die hydrogeologische Untersuchung der Braunkohlenlagerstätten kann man folgendermaßen einteilen:

A. hydrogeologische Untersuchungen in bisher nicht aufgeschlossenen Abbaufeldern;
B. hydrogeologische Untersuchungen in Abbaufeldern, die in Betrieb stehen.

A. Hydrogeologische Untersuchungen in bisher nicht aufgeschlossenen Abbaufeldern

Hydrogeologische Untersuchungsarbeiten in bisher nicht aufgeschlossenen Abbaufeldern erfolgen grundsätzlich etappenweise, wobei die Etappen dem jeweiligen Stand der Erkundung der Lagerstätte entsprechen und dadurch auch mit den zugehörigen Kohlenvorratsklassen in Einklang stehen.

I. Informative Untersuchungen (einschließlich hydrogeologische Kartierung)
II. Vorläufige Untersuchungen
III. Detailuntersuchungen

[1]) Eingang des Manuskripts in der Redaktion: 28. 7. 1961

Die Arbeiten in den einzelnen Untersuchungsetappen können noch weiter unterteilt werden:

1. Ausarbeitung des hydrogeologischen Projekts. Die Grundlage bilden die hydrogeologischen Karten, sämtliche verfügbaren ausgewerteten Unterlagen sowie die Ergebnisse der bisher durchgeführten Untersuchungsarbeiten.
2. Durchführung der hydrogeologischen Arbeiten: Bohrungen, Pumpversuche und sonstige Feld- und Laborarbeiten.
3. Auswertung in Form eines Ergebnisberichtes.

I. Hydrogeologische Arbeiten in der informativen Etappe

1. Projekt für hydrogeologische Arbeiten

Der Ausarbeitung des Projektes geht die Durchsicht sämtlicher hydrogeologischer, geologischer, hydrologischer, klimatischer, evtl. weiterer Angaben sowie der Bohrergebnisse, z. B. für Zwecke der Trink- und Brauchwasserversorgung, voraus. Auf Grund dieser Angaben wird entsprechend der Kompliziertheit der hydrogeologischen Verhältnisse und der Größe des zu bearbeitenden Gebietes eine hydrogeologische Karte im Maßstab 1:5000 bis 1:25000 angefertigt. Es ist zweckmäßig, die Größe des zu bearbeitenden Gebietes so zu wählen, daß nach Möglichkeit ein geschlossener hydrogeologischer Bereich gezeigt wird. Man wählt also ein größeres Gebiet als das, in dem die Lagerstättenuntersuchungen durchgeführt werden. Am häufigsten sind solche Gebiete durch Wasserscheiden oder Vorfluter begrenzt.

Eine wichtige Ergänzung der hydrogeologischen Karte bildet der Begleitbericht, der das Gesamtbild der hydrogeologischen Verhältnisse im kartierten Gebiet vervollkommnet und Angaben enthält, die sich nur schwer in der Karte verzeichnen lassen. Dieser Bericht erfordert eine sorgfältige Bearbeitung, weil die meisten in ihm enthaltenen Angaben für die Auswertung der weiteren Untersuchungsetappen benötigt werden.

In der Regel enthält dieser Bericht folgende Angaben:

a) Beschreibung der geographischen, hydrographischen und geomorphologischen Verhältnisse;
b) Beschreibung der Boden- und Vegetationsverhältnisse;
c) klimatologische Charakteristik — Grundlage für die Bilanz der Grundwässer mit Angaben über Niederschlagsmengen, Temperatur der Luft, Verdunstung u. a. — sowie ihre Auswertung im Hinblick auf den Grundwasserhaushalt;
d) hydrologische und wasserwirtschaftliche Charakteristik — Beschreibung der Oberflächengewässer, Angaben

über Trink- und Brauchwasserversorgung, spezifische Ergiebigkeiten, Wasserstände und ihre Auswertung im Zusammenhang mit dem Grundwasserspiegel;

e) Charakteristik der geologischen Verhältnisse im Hinblick auf die Grundwasserführung;

f) Gesamtcharakteristik der Grundwässer — Beschreibung der einzelnen wasserführenden Schichten und ihrer gegenseitigen Beziehungen: Ursprung, Infiltration, Bewegung und Hydrochemie der Grundwässer sowie Herkunft ihrer Mineralisation. Lage der Grundwasserleiter und ihre hydrophysikalischen Merkmale wie Korngrößendiagramme, Porosität, Durchlässigkeit, Klüftigkeit, Wasseraufnahmevermögen, Quellvermögen, Feuchtigkeit, hydrodynamische Verhältnisse und Beziehungen der Grundwässer zu übertägigen Wasserläufen und bestehende künstliche Veränderungen;

g) Beschreibung von Mineralwasservorkommen: Angaben über Verbreitung, Umlauf, Austritt, Art der Fassung, physikalische und chemische Eigenschaften, Gasgehalte, Ergiebigkeit, Wasserspiegel, Nutzungsmöglichkeiten, Beziehungen zur Bergbautätigkeit, Schutzmaßnahmen;

h) Beschreibung der Grubenwässer in alten Bergbaugebieten: Ausdehnung der Grundwasserfläche im Alten Mann, Zuflußmengen für längere Zeitabschnitte (wenigstens für ein Jahr), Chemismus und Aggressivität, zusätzliche Wasserhebung, Entwässerungsmethoden;

i) Tafeln, Schaubilder und Diagramme — sämtliche zahlenmäßige Angaben, die nicht in die hydrogeologische Karte aufgenommen werden können und im Text ebenfalls nicht vorteilhaft anführbar sind.

Ausgehend von der hydrogeologischen Karte und unter Auswertung anderer Unterlagen wird für die vorläufige Untersuchungsetappe ein Projekt der hydrogeologischen Arbeiten ausgearbeitet. Die hydrogeologischen Bohrungen werden so veranschlagt, daß ein gleichmäßiges Bohrnetz das Untersuchungsgebiet bedeckt, wobei diese Bohrungen auch als Lagerstättenbohrungen auszunutzen sind. Das Verhältnis der Lagerstättenbohrungen zu den hydrogeologischen Bohrungen wird durch die Kompliziertheit der hydrogeologischen Verhältnisse beeinflußt und liegt in der Regel zwischen 4:1 bis 5:1.

Im Projekt sind auch die Methoden zur Feststellung der einzelnen hydrogeologischen Daten anzugeben, z. B. Bohrverfahren, Bohrdurchmesser, Gerätetyp, Dauer und Art der Durchführung der Pumpversuche, Grundwasserspiegelmessungen, Art der Wasserprobenentnahme für chemische Analysen, Probenentnahmen aus Sandschichten zur Bestimmung der Korngrößen (Siebanalysen), Durchlässigkeitsbestimmungen. Weiterhin werden festgelegt die Anzahl und das Ausmaß aller aufgeführten Einzelbestimmungen, die Art der Abdichtung der einzelnen Grundwasserleiter und deren Kontrolle sowie die endgültige Einstellung der Arbeiten im Bohrloch, das Tamponieren[2]) und die Zementierungsarbeiten. Das Projekt sollte auch die Anforderungen auf hydrogeologische Beobachtungen an Lagerstättenbohrungen enthalten, z. B. Spülungsverlust, Anfahren gespannter Wässer.

Im Anschluß an die technischen Angaben ist ein Zeitplan für die jeweils projektierten Arbeiten und ein Kostenvoranschlag beigefügt.

2. Durchführung der hydrogeologischen Arbeiten

Beim heutigen Stand der Technik gewährleistet das Trockenbohrverfahren die besten Ergebnisse bei hydrogeologischen Bohrungen. Aus Spülbohrungen erzielte Angaben sind nicht gleichwertig und haben ergänzenden Charakter.

Bei hydrogeologischen Bohrungen müssen außer der geologischen Schichtenfolge sämtliche Grundwasserleiter, deren Mächtigkeit, Tiefe des Grundwasserspiegels beim Anbohren, Verlauf des Wasserspiegelanstiegs und der endgültige Wasserspiegel festgestellt werden.

Bestimmungsmethode und Zeitintervalle für Messungen bestimmt der Hydrogeologe. Der Verlauf des Grundwasserspiegelanstiegs muß nach Beendigung des Pumpens mindestens bis zum Ruhewasserspiegel beobachtet werden. Der Grundwasserspiegel wird erst dann als stetig betrachtet, wenn er sich im Verlauf von 2—3 Stunden nicht mehr ändert bzw. wenn die zulässigen Fehler, verursacht durch die Meßeinrichtung oder durch natürliche Einwirkungen, z. B. Luftdruckveränderungen, nicht überschritten werden. Während des Grundwasserspiegelanstiegs ist das Verhältnis der Grundwasserspiegeltiefe zur verflossenen Zeit graphisch darzustellen. Solange die erhaltene Kurve nicht den veranschlagten Verlauf nimmt, ist nach Fehlern zu suchen, z. B. ob ungenügende Abdichtung der oberen wasserführenden Schichten oder Undichtheit von Bohrrohrgewinden vorliegt. Nach Beseitigung des Fehlers ist nochmals ein Pumpversuch durchzuführen und der Verlauf des Grundwasserspiegelanstiegs und die Höhe des Ruhewasserspiegels zu beobachten.

Pumpversuche muß man minimal mit drei Absenkungsstufen fahren. Das Pumpen auf einer bestimmten Absenkung kann als beendet betrachtet werden, wenn bei der Einhaltung der vorgeschriebenen Absenkung eine konstante Ergiebigkeit während der Dauer von mindestens sechs Stunden erreicht wird.

Die Filtervorrichtung muß in hydrogeologischen Bohrlöchern so beschaffen sein, daß der Wasserzufluß in das Bohrloch nicht gebremst wird, andererseits aber auch keine Sandausschwemmungen auftreten.

In der informativen Untersuchungsetappe werden sog. informative Pumpversuche mit einer Dauer von 3—6 Tagen durchgeführt.

Die Entnahme der Wasserprobe erfolgt aus reinem, ungetrübtem Wasser, in der Regel kurz vor der Beendigung des Pumpversuches. Durch die chemische Analyse werden hauptsächlich die Werte: $Na^+ + K^+$, Ca^{++}, Mg^{++}, Cl^-, SO_4^{--}, HCO_3^-, SiO_2, CO_2 frei, CO_2 aggressiv, bestimmt. Aus wasserführenden Sandschichten werden nach Angaben des Hydrogeologen Sandproben entnommen, die im Laboratorium auf Korngröße (Ausarbeitung von Korngrößendiagrammen), Durchlässigkeitskoeffizienten, Porosität u. a. untersucht werden.

Nach gründlicher Untersuchung einer wasserführenden Schicht wird diese so abgeschlossen (tamponiert), daß sie gegen weitere Grundwasserleiter verläßlich abgedichtet ist; denn die Verbindung mehrer Grundwasserleiter würde die hydrogeologischen Angaben unbrauchbar machen. Von der vollkommenen Abdichtung überzeugt man sich durch Beobachtung des Wasserzuflusses ins Bohrloch, nachdem es zunächst völlig ausgepumpt wurde, oder durch Beobachtung des Wasserverlustes in dem mit Wasser voll angefüllten Bohrloch. Besonderes Augenmerk ist dabei auf die Gewindeabschnitte der einzelnen Bohrrohre zu lenken, weil meist an diesen Stellen Undichtheiten auftreten.

Bei den übrigen Lagerstättenbohrungen, größtenteils als Spülkernbohrungen durchgeführt, können die Kenntnisse über die hydrogeologischen Verhältnisse des zu untersuchenden Gebiets mit indirekten Angaben ergänzt werden, z. B. Spülungsverluste, Petrographie und Klüftigkeit des Gebirges, Karottageergebnisse. Bei einigen, durch den Hydrogeologen ausgewählten Bohrungen

[2]) Absperren eines Grundwasserleiters zur ungestörten Beobachtung anderer Grundwasserleiter

wird der gemeinsame Grundwasserspiegel nach Beendigung der Bohrarbeiten und nach Auspumpen der Spülung bestimmt. Beim Auspumpen des Bohrloches ist darauf zu achten, daß es nicht zum Einsturz kommt und somit eine sichere Tamponage beim Verfüllen der Bohrung unmöglich gemacht wird. Werden Lagerstättenbohrungen im Trockenbohrverfahren ausgeführt, so sind dabei die einzelnen Grundwasserleiter und deren Grundwasserspiegel zu bestimmen, teilweise werden Pumpversuche mit der Schlämmpumpe durchgeführt.

Nach Beendigung aller Untersuchungsarbeiten erfolgt die Bohrlochverfüllung. In hydrogeologischer Hinsicht ist es wichtig, die einzelnen Grundwasserleiter durch zuverlässige Tamponage mit Letten oder Zement voneinander zu trennen.

3. Auswertung der hydrogeologischen Arbeiten

Nach Beendigung aller aufgeführten Arbeiten werden die gewonnenen Ergebnisse zusammen mit den schon bekannten früheren Angaben ausgewertet. Der Bericht kann je nach Umfang und Inhalt in Berichtsteil, rechnerischen und Beilagenteil untergliedert werden.

Die durch das Studium der Unterlagen schon vor Beginn der Untersuchungsarbeiten sowie die aus der hydrogeologischen Karte gewonnenen Kenntnisse über die hydrogeologischen Verhältnisse berechtigen eine Einreihung der Lagerstätte in die Klasse C_1.

Berichtsteil

Der Berichtsteil enthält folgende Kapitel:

a) Beschreibung der Unterlagen, die bei der Ausarbeitung des Berichtes verwendet wurden sowie Bewertung ihrer Glaubwürdigkeit und Brauchbarkeit;

b) Angaben der im Projekt festgelegten Methodik der durchgeführten hydrogeologischen Arbeiten sowie Begründung und Beschreibung, evtl. Änderungen;

c) Umfang, Art und Weise, zeitlicher Fortschritt der durchgeführten hydrogeologischen Arbeiten, und zwar eine Zusammenstellung sämtlicher in der hydrogeologischen Karte eingetragenen hydrogeologischen Bohrungen, Anzahl und Art der Pumpversuche, beim Bohren und beim Pumpen angewandte Technologie, benutzte Apparate, Art der Verrohrung; Kontrolle der Grundwasserleiter, Bohrlochverfüllung und Bewertung der Qualität der durchgeführten Arbeiten;

d) Beschreibung der Hydrographie und der klimatischen Verhältnisse im bearbeiteten Gebiet unter Verwendung der Angaben aus dem Bericht zur hydrogeologischen Karte;

e) hydrogeologische Ergebnisse der weiteren Umgebung: Das untersuchte Gebiet wird in die hydrogeologischen Verhältnisse der weiteren Umgebung eingegliedert, mit der es in bestimmter Beziehung steht;

f) hydrogeologische Beschreibung des Schichtenprofils. Die Durchlässigkeit der einzelnen Schichten ist in der Reihenfolge ihres Alters zu beschreiben. Man unterscheidet poröse Durchlässigkeit und Kluftdurchlässigkeit, gegebenenfalls eine Kombination beider Arten. Die Ergebnisse der Pumpversuche sind mit den Ergebnissen der im Labor bestimmten Durchlässigkeit zu vergleichen;

g) hydrogeologische Verhältnisse des untersuchten Gebietes, Beschreibung der Lagerungsverhältnisse, Mächtigkeiten, Verbreitung der einzelnen Grundwasserleiter und -stauer, ihrer gegenseitigen Zusammenhänge oder Zusammenhänge mit Oberflächengewässern. Weiterhin werden die wahrscheinlichen und bestimmten Infiltrationsflächen der Grundwasserleiter sowie die Bedingungen zum Einsickern von Niederschlägen, Oberflächenwässern oder seichten Grundwässern und deren natürliche Entwässerung beschrieben. Auch evtl. in der Nähe auftretende Mineralquellen sind zu beschreiben und die gültigen Vorschriften für deren Schutz anzuführen;

h) chemische Zusammensetzung der Grundwässer: Bestimmung der chemischen Typen nach vorherrschenden (>25%) mval%; Beschreibung der chemischen Zusammensetzung, und zwar hinsichtlich der Brauchbarkeit des Wassers als Trink- oder Nutzwasser oder als Beweis möglicher Zusammenhänge verschiedener Grundwasserleiter; Bestimmung der Aggressivität des Wassers hinsichtlich Beton und Eisen und Klärung der Ursachen.

Nach Abschluß der hydrogeologischen Auswertung in dieser Etappe ist ein Arbeitsplan für die Etappe der vorläufigen Untersuchungen vorzuschlagen, mit dem Ziel, die bisherigen Kenntnisse zu erweitern und zu vervollkommnen.

Rechnerischer Teil

In diesem Teil des Berichtes sind vor allem die aus den Pumpversuchsangaben errechneten Durchlässigkeitskoeffizienten aufgeführt. Zur Berechnung werden vorwiegend folgende Formeln verwendet:
für den ungespannten Grundwasserspiegel:

$$k = \frac{0{,}735\,Q\,(\log R - \log r)}{H^2 - h^2}$$

für den gespannten Grundwasserspiegel:

$$k = \frac{0{,}366\,Q\,(\log R - \log r)}{M\,S}$$

k — Durchlässigkeitskoeffizienten in m/s
Q — Ergiebigkeit in m^3/s
R — Einflußradius in m
r — Bohrlochradius in m
H — Mächtigkeit des Grundwasserleiters, gemessen von der undurchlässigen Schicht im Liegenden bis zum Grundwasserspiegel in m
h — Höhe des gesenkten Grundwasserspiegels über der undurchlässigen Schicht im Bohrloch in m
M — Mächtigkeit des Grundwasserleiters (bei gespanntem Wasserspiegel) in m
S — Absenkung des Wasserspiegels beim Pumpversuch in m

Der Einflußradius wird im allgemeinen geschätzt, ist jedoch der Durchlässigkeitskoeffizient aus Laborversuchen bekannt, so kann der Einflußradius nach der KUSAKINschen Formel berechnet werden:

$$R = 575\,S \cdot \sqrt{k\,H}$$

(Für turbulente Grundwasserbewegung, die sehr selten vorkommt, wird keine Formel angegeben.)

Beilageteil

Der Beilageteil enthält:

a) die hydrogeologische Karte;

b) Profile der ausgeführten hydrogeologischen Bohrungen;

c) Darstellungen und Diagramme von Pumpversuchen, Ergiebigkeitsdiagramme und Anstiegskurven des Grundwasserspiegels;

d) hydrophysikalische Untersuchungsergebnisse in graphischer und tabellarer Zusammenstellung.

II. Hydrogeologische Arbeiten in der vorläufigen Untersuchungsetappe

1. Projekt für hydrogeologische Arbeiten

Die Grundlage für die Planung der hydrogeologischen Forschungsarbeiten in der vorläufigen Untersuchungsetappe bilden die Ergebnisse der vorhergehenden Etappe sowie der dem Bericht über die Auswertung der informativen Forschungsarbeiten beigefügte Vorschlag eines Arbeitsplanes. Auch in dieser Etappe bleibt es Grundsatz, das zu untersuchende Gebiet mittels eines gleichmäßigen Bohrnetzes abzubohren. An hydrogeologisch wichtigen Stellen und an Stellen, an denen komplizierte Verhältnisse zu erwarten sind, erfolgt eine Verdichtung des Bohrnetzes. Mit Ausnahme einiger spezieller Arbeiten, z. B. Färbversuche, geophysikalischer Untersuchungen usw., ist der eigentliche Inhalt des Projekts der gleiche wie in der informativen Etappe.

2. Durchführung der hydrogeologischen Arbeiten

Die Arbeiten entsprechen denen der vorhergehenden Etappe, jedoch sind die Pumpversuche mit einer Gesamtdauer von 6—21 Tagen mindestens mit drei Absenkungsstufen durchzuführen, wobei der Beharrungszustand je Absenkungsstufe wenigstens 12 Stunden bei gleichbleibender Ergiebigkeit zu halten ist. Günstig ist es, wenn während der Durchführung der Bohrarbeiten einige Lagerstättenbohrungen als Beobachtungspunkte für Pumpversuche benutzt werden können. Weitere hydrogeologische Bohrungen werden möglichst so in Linien angeordnet, daß die hydrogeologischen Verhältnisse des zu untersuchenden Gebietes am besten ergründet und dabei alle wichtigen Grundwasserleiter erbohrt werden.

3. Auswertung der hydrogeologischen Arbeiten

Die in dieser Etappe durchgeführten Untersuchungsarbeiten geben einen soliden Überblick über die hydrogeologischen Verhältnisse des untersuchten Gebietes. Davon ausgehend ist es möglich, einen vorläufigen Entwurf für Entwässerungsarbeiten zusammenzustellen. Der bisher erzielte Stand der Forschungsarbeiten entspricht in der Lagerstättenforschung dem für die Klasse B.

Berichtsteil

Für seine Ausarbeitung gelten die gleichen Regeln wie in der vorhergehenden Untersuchungsetappe. Vor allem aber sind die Veränderungen in der Gesteinsdurchlässigkeit in der Nähe tektonischer Linien besser zu kennzeichnen.

Da nun genügend Angaben von Wasserspiegelmessungen aus Bohrlöchern vorliegen, können verhältnismäßig genaue Hydroisohypsenkarten angelegt und ziemlich verläßlich die Einzugsgebiete bestimmt werden. Weiterhin können die Hauptstromrichtungen des Grundwassers bestimmt und damit Ansatzpunkte für die Entwässerung gefunden werden. Durch Färbversuche ist die Durchflußgeschwindigkeit des Grundwassers genauer zu ermitteln. Auf Grund von Regimebeobachtungen[3]) lassen sich Wasserspiegelschwankungen im Zusammenhang mit Niederschlagsveränderungen feststellen, gegebenenfalls sind Einwirkungen von in der Umgebung durchgeführten Entwässerungsarbeiten ersichtlich.

Zum Schluß der Auswertungsarbeiten gliedert man die hydrogeologisch noch ungenügend durchforschten Stellen für weitere Untersuchungen aus.

Rechnerischer Teil

Wurde eine Lagerstättenbohrung als Beobachtungsbohrung verwendet, ist der Einflußradius nach folgenden Formeln zu berechnen:

Für den ungespannten Grundwasserspiegel:

$$\frac{H^2 - h^2}{\ln R - \ln r} = \frac{H^2 - h_1^2}{\ln R - \ln x_1}$$

Für den gespannten Grundwasserspiegel:

$$\frac{S}{\ln R - \ln r} = \frac{S_1}{\ln R - \ln x_1}$$

Beilageteil

Die in der vorhergehenden Etappe ausgearbeitete hydrogeologische Karte wird durch Grundwasserisohypsen ergänzt. Hydrogeologische Profile des untersuchten Gebietes sowie eine graphische Darstellung der Regimebeobachtungsergebnisse ergänzen die hydrogeologische Karte. Die Ergebnisse der Wasseranalysen bilden die Grundlage für eine hydrochemische Karte. Weiterhin verfertigt man Isolinien gleichen Grundwasserdrucks für Grundwasserleiter mit gespanntem Wasser im Hangenden oder Liegenden des Braunkohlenflözes.

[3]) Beobachtung der natürlichen Schwankungen des Grundwasserspiegels.

III. Hydrogeologische Arbeiten in der Etappe der Detailforschung

1. Projekt für hydrogeologische Arbeiten

Dieses wird nach dem Vorschlag, der in den Schlußfolgerungen des Textteiles der Auswertungsarbeiten für die vorhergehende Etappe enthalten ist, ausgearbeitet. Die Arbeiten sind auf die gleiche Weise wie bisher durchzuführen. Darüber hinaus werden nun in größerem Maße Beobachtungsbohrungen und spezielle Arbeiten projektiert. Das Projekt muß so orientiert werden, daß nach der Auswertung aller Forschungsarbeiten die nötigen Entwässerungsarbeiten und der Aufschluß der Lagerstätte projektiert werden können. Die Ausarbeitung des Projekts erfolgt nach den gleichen Grundsätzen wie in den vorangegangenen Forschungsetappen.

2. Durchführung der hydrogeologischen Arbeiten

Es gelten die gleichen Regeln wie in der ersten Etappe. Darüber hinaus werden langdauernde Pumpversuche mit mindestens drei Absenkungsstufen und unter Zuhilfenahme von Beobachtungsbohrungen durchgeführt. Die Dauer der Pumpversuche ist auf wenigstens 21 Tage zu bemessen. Sie richtet sich außerdem nach der Zeit, die zur Herstellung des in den Beobachtungsbohrungen sichtbar werdenden Absenkungstrichters notwendig ist. Der Beharrungszustand ist erzielt, wenn im Verlauf von 24 Stunden in allen Beobachtungsbohrungen der Stand der gemessenen Grundwasserspiegel und die Ergiebigkeit des Wasserzuflusses in den mit Pumpen bestückten Bohrungen unverändert blieb. Die Anzahl der Beobachtungsbohrungen wird — ähnlich wie bei anderen speziellen Arbeiten, z. B. Färbversuchen, geophysikalischen Messungen — von einem Hydrogeologen zum Teil in Zusammenarbeit mit anderen Spezialisten bestimmt.

3. Auswertung der hydrogeologischen Arbeiten

Die Forschungsergebnisse dieser Etappe sind hinreichend genau, so daß sie für die Projektierung von Entwässerungsarbeiten benutzt werden können. Die Kenntnisse über die hydrogeologischen Verhältnisse des untersuchten Gebietes entsprechen den Anforderungen für eine Eingliederung in die Klassen B und A.

Berichtsteil

Die Auswertungen werden ähnlich wie in den vorhergehenden Etappen durchgeführt, nur mit dem Unterschied, daß vorwiegend der Unterlagenbedarf des Projektanten beachtet wird. Aus diesem Grunde ergänzt man den Textteil um folgende Angaben:

a) Mengen der statischen und dynamischen Grundwasservorräte in den einzelnen Grundwasserleitern;

b) Beschreibung des zu erwartenden Ausmaßes des Absenkungstrichters und der Geschwindigkeit seiner Bildung;

c) Grundwasserzufluß in den Versuchsschacht und in die Aufschlußfigur;

d) Vorschlag für die Lagerstättenentwässerung;

e) Prognose und Beschreibung der durch Lagerstättenaufschluß und künftige Förderung zu erwartenden Veränderungen in den hydrogeologischen Verhältnissen;

f) Identifizierung der Trink- und Brauchwasserbeschaffung für die Versorgung des geplanten Betriebes sowie Vorschläge für die Verwendung der gehobenen Grundwässer.

Rechnerischer Teil

Im Gegensatz zu den bisherigen Etappen ist dieser Abschnitt um die Berechnungen von statischen und dynamischen Wasservorräten sowie des Einflußradius für die einzelnen Bohrungen zu ergänzen. Die geforderten Termine für die Entwässerung und die Größe des zu entwässernden Gebietes bilden die Grundlage bei der Bestimmung des Abstands der Entwässerungsbohrungen. Weiterhin wird der zu erwartende Wasserzufluß in den Schacht und in die Aufschlußfigur berechnet. Der Grundwasserzufluß in den Schacht wird nach der bei großen Brunnen verwendeten Methode unter Zuhilfenahme folgender Formeln berechnet:

Für den ungespannten Grundwasserspiegel:

$$Q = \frac{1{,}366\,k\,(H^2 - h^2)}{\log R - \log r}$$

Für den gespannten Grundwasserspiegel:

$$Q = \frac{2{,}735\,k\,M\,S}{\log R - \log r}$$

Den Wasserzufluß in die Aufschlußfigur berechnet man entsprechend den örtlichen hydrogeologischen Verhältnissen. Dabei wendet man insbesondere die Methode der großen Brunnen, weiterhin Wasserbilanzberechnungen, Applikationen wirklicher Wasserzuflüsse in analogen Verhältnissen u. a. an.

Beilageteil

Dieser Teil wird gegenüber den vorhergehenden Etappen um folgende Unterlagen ergänzt:

a) graphische Darstellung des Verlaufs der Bildung des Absenkungstrichters während des Pumpversuchs;

b) Karte mit Darstellung der Grundwasserhauptfließrichtungen und Hauptwasserzuflüsse in die Lagerstätte und die Umgebung des künftigen Aufschlusses;

c) Karte mit eingezeichnetem Bohrnetz der veranschlagten Entwässerungsbohrungen.

Die Lagerstätte, die nun in jeder Hinsicht gründlich durchforscht ist, wird zum Grubenfeld erklärt und dem zugehörigen schon bestehenden Tagebau oder der Bauleitung des geplanten Schachtes übergeben. Weitere hydrogeologische Arbeiten, die evtl. bei der Projektierung oder während des Abbaus erforderlich werden können, werden dann vom Betrieb selbst ausgeführt.

B. Hydrogeologische Untersuchungen in Grubenfeldern von in Betrieb stehenden Gruben

Die hydrogeologischen Untersuchungsarbeiten sind mit der Übergabe der Lagerstätte an die Betriebsleitung nicht beendet und werden praktisch bis zur Auskohlung weitergeführt. Durch die Einwirkung der Abbauarbeiten ändern sich bekanntlich die hydrogeologischen Verhältnisse derart, daß auch sorgfältig durchgeführte hydrogeologische Forschungsarbeiten die zu erwartenden Veränderungen nicht zuverlässig vorhersagen können. Deshalb sind der Verlauf von Veränderungen sorgfältig zu beobachten und die Vorhersagen zu vervollkommnen. Diese hydrogeologischen Forschungsarbeiten werden wie folgt unterteilt:

I. Nachträgliche hydrogeologische Arbeiten
II. Beobachtung der Entwässerung des Vorfeldes
III. Bergmännische hydrogeologische Arbeiten

I. Nachträgliche hydrogeologische Arbeiten

Die nachträglichen hydrogeologischen Arbeiten kann man einteilen in:

1. hydrogeologische Arbeiten in Grubenfeldern und Schächten, in denen bisher keine hydrogeologischen Forschungsarbeiten durchgeführt wurden;

2. hydrogeologische Arbeiten, die nach Beendung der Forschung und nach Übergabe der Lagerstätte an einen Förderbetrieb durchgeführt werden.

Zu 1. Diese Untersuchungen werden vorwiegend deshalb erforderlich, weil früher weder Lagerstätten- noch hydrogeologische Forschungen etappenweise betrieben wurden. Hydrogeologische Forschungsarbeiten wurden oft deshalb nicht betrieben, weil bestimmte Lagerstättenteile wegen ihrer schwierigen hydrogeologischen Verhältnisse als nicht abbauwürdig oder als nicht wirtschaftlich abbauwürdig betrachtet wurden. Diese Feststellungen stützten sich meist nur auf wenige zufällig angeordnete Bohrungen. Da sich aber seit dieser Zeit die Entwässerung und die Gestehungskosten der Abbauarbeiten grundlegend geändert haben, geht man heute zu nachträglichen hydrogeologischen Untersuchungen mit dem gleichen Ziel wie bei hydrogeologischen Forschungsarbeiten in bisher nicht aufgeschlossenen Grubenfeldern über.

Zu 2. Diese Arbeiten ergeben sich vor allem beim Projektieren von Schachtanlagen, weil bestimmte Stellen des Grubenfeldes genauer untersucht werden sollen. In der Regel handelt es sich um Arbeiten kleineren Ausmaßes, oft nur um das Teufen einiger Kontrollbohrungen. Die Durchführung der Arbeiten erfolgt meist auf ähnliche Art wie die der hydrogeologischen Arbeiten in bisher nicht aufgeschlossenen Grubenfeldern.

Teilweise gehören in diese Gruppe auch Bohrungen, die im unmittelbaren Vorfeld der Abbaustrosse niedergebracht und bei denen außer geologischen Angaben gleichfalls hydrogeologische Daten festgestellt werden.

II. Beobachtung der Entwässerung des Vorfeldes

Hierzu gehören alle Entwässerungsarbeiten mittels Bohrungen, wobei die Wässer entweder mit Tauchpumpen zutage gehoben oder durch Fallfilter in die Entwässerungsstrecken im Flöz abgeleitet werden. Den Grad der fortschreitenden Entwässerung verfolgt man an Entwässerungsbohrungen durch Beobachtung der Grundwasserspiegelbewegungen und der Ergiebigkeit, das Absinken des Wasserspiegels an Hand der Grundwasserspiegel. Die Messungen werden je nach Bedarf 14tägig, wöchentlich oder auch öfter vorgenommen. Gleichzeitig werden auch Temperaturveränderungen registriert und einmal in drei bis sechs Monaten Wasserproben für die chemische Analyse entnommen.

Die Grundlage für die Anfertigung von Hydroisohypsenkarten und evtl. von Differenzkarten bildet die regelmäßige Auswertung der Meßergebnisse. Senkrecht zur Zuflußrichtung konstruiert man hydrogeologische Profile. An Hand der Auswertungsergebnisse werden ursprünglich projektierte Entwässerungsarbeiten berichtigt bzw. vervollkommnet, z. B. Verdichtung des Bohrnetzes.

III. Bergmännische hydrogeologische Forschung

Die bergmännische hydrogeologische Forschung im Schacht besteht in der Feststellung von Orten, an denen

Grundwässer in die Grubenbaue eindringen, sowie in der Bestimmung der wasserführenden Schichten, aus denen die Grundwässer entstammen. An solchen Stellen sind in regelmäßigen Zeitabschnitten Ergiebigkeitsmessungen vorzunehmen, wobei auch Temperatur und Chemismus der Grubenwässer verfolgt werden. An einer Meßstelle (Wasseruhr) wird außerdem täglich der Gesamtzufluß in die Grube beobachtet und registriert.

Besonders ist auf außerordentliche Vorkommnisse zu achten, z. B. Wassereinbrüche bzw. Schwimmsandeinbrüche, wobei folgende Angaben festgestellt werden müssen:

a) Stelle des Einbruchs
b) Zeit des Einbruchs (Datum, Uhrzeit)
c) Aus welcher wasserführenden Schicht kam der Einbruch
d) Verlauf der Ergiebigkeit des Einbruchs von seinem Beginn bis zur Eindämmung
e) Charakter des Einbruchs (ob gleichmäßig, stoßförmig)
f) Menge des herausgeschwemmten Gebirges
g) Veränderungen in der Umgebung
h) Chemismus der Einbruchswässer
i) Körnungskurve bei Schwimmsanden

Ausgehend von den durch bergmännisch-hydrogeologische Forschungen gewonnenen Angaben, bestimmt man die Hauptfaktoren, die das Grubenwasserzuflußregime beeinflussen, z. B. Niederschlagseinwirkungen, Durchlässigkeit der wasserführenden Schichten, hydrogeologische Situation der Anlage, Bereich des entwässerten Geländes, Größe des Einzugsgebiets, Einsickern von Oberflächenwässern u. a.

Auf Grund einer so durchgeführten Auswertung der bergmännisch-hydrogeologischen Verhältnisse können die Voraussagen von Grubenwasserzuflüssen sowie die durch verschiedene Berechnungen veranschlagte Art und Zeitdauer der Entwässerung mit den bei der praktischen Durchführung erzielten Ergebnissen verglichen werden. Werden in Gebieten mit analogen Verhältnissen hydrogeologische Forschungen angesetzt, ist durch Anwendung dieser praktischen Erfahrungen eine bedeutend genauere Formulierung der Ergebnisse möglich.

Zusammenfassung

Ausgehend von seinen bei hydrogeologischen Untersuchungsarbeiten in verschiedenen Braunkohlenrevieren der ČSSR gesammelten Erfahrungen, berichtet Verf. über die wichtigsten Grundsätze der hydrogeologischen Forschungen in Braunkohlenrevieren.

Die erforderlichen hydrogeologischen Untersuchungsarbeiten werden in zwei Hauptabschnitte

a) hydrogeologische Forschung in nicht aufgeschlossenen Grubenfeldern,

b) hydrogeologische Forschung in in Betrieb stehenden Grubenfeldern und diese wiederum in verschiedene Abschnitte gegliedert.

Das Hauptgewicht wurde auf die etappenmäßige Durchführung der hydrogeologischen Forschung im Einklang mit der Lagerstättenforschung gelegt, und zwar unter Berücksichtigung der Klassifizierung der Kohlenvorräte sowie der Verwendung der Vorfeld- und Grubenentwässerungsergebnisse.

Резюме

Основываясь на собранном им опыте при гидрогеологических исследованиях в различных буроугольных районах ЧССР, автор сообщает о важнейших принципах гидрогеологических исследований в буроугольных районах.

Необходимые гидрогеологические исследования можно подразделить на два основных раздела, а именно:

а) гидрогеологические исследования в невскрытых шахтных полях,

б) гидрогеологические исследования в действующих шахтных полях.

Среди упомянутых основных разделов выделяются, в свою очередь, различные подразделы.

Главное внимание уделялось этапному проведению гидрогеологических исследований в соответствии с разведкой месторождений, с учетом классификации запасов угля и использования результатов, полученных при дренаже предусмотренных к эксплуатации полей и действующих шахтных полей.

Summary

Proceeding from experiences made in different Czechoslovak brown coal districts during hydrogeological investigations, the author gives an account of the most important principles to be observed in hydrogeological researches in brown coal districts.

Works necessary for hydrogeological investigations are divided into the two chief sections

a) hydrogeological research in non-exposed mine fields,

b) hydrogeological research in mine-fields being in operation. These are again subdivided into different sections.

The realization of hydrogeological researches by stages in conformity with deposit research is emphasized, especially with reference to coal reserve classification and utilization of forefield and mine drainage results.

Vorschläge zur Frage des Lagerstättenarchivs[1)]

Sedimentäre Eisenerze

WOLFGANG LIERSCH, Freiberg (Sa.)

Diese Arbeit stellt einen wichtigen Beitrag zu den schwebenden Verhandlungen über die Bildung von Lagerstättenarchiven dar. Mit ihm möge eine Diskussion eröffnet sein, an der sich möglichst viele interessierte Kollegen beteiligen. Die Redaktion

Das Lagerstättenarchiv ist als Grundlage bergmännischer Planungsarbeit in den letzten Jahrzehnten immer wichtiger geworden. Den ständig ansteigenden Forderungen der Volkswirtschaft an die Rohstofferzeugung stehen die abnehmenden Bodenschätze gegenüber. Eine quantitativ und qualitativ beste Ausnutzung der vorhandenen Mineralien ist deshalb notwendig. Voraussetzung ist eine Planungsunterlage, die sämtliche Erkundungsergebnisse umfaßt. Ein Lagerstättenarchiv kann diese Unterlage darstellen, wenn es durch eine echte Gemeinschaftsarbeit aller an der Gewinnung eines Lagerstätteninhalts Interessierten geschaffen wird.

Die vorliegenden Normen für Darstellungen (Risse, Karten) zu einem derartigen Archiv basieren nur auf Probenahmen aus bergmännischen Auffahrungen oder Bohrungen in dichtem Netz (Braunkohlenbergbau). Solche Risse bilden die Grundlage für die Planung der Bergbaubetriebe. Die ersten Angaben über die Ausbildung einer Lagerstätte werden in den Abschlußberichten zur geologischen Erkundung bei der Staatlichen Geologischen Kommission niedergelegt. Diese Abschlußberichte müssen also einen wesentlichen Teil

[1)] Diesen Aufsatz stellte Verf. anhand des Materials seiner Diplomarbeit, verfertigt am Institut für Markscheidewesen der Bergakademie Freiberg, zusammen. Eingang des Manuskripts in der Redaktion: 7. 12. 1961

des Lagerstättenarchivs bilden. Oft beschränken sich die rißlichen Darstellungen auf die notwendigsten zur Ausführung der Vorratsberechnung und Anfertigung großräumiger Karten. Eine systematische und ausführliche Auswertung ist aber in der „Vorläufigen Arbeitsanweisung zur Felddokumentation geologischer Erkundungsarbeiten", der „Klassifikation der Lagerstättenvorräte" und den „Richtlinien über Form und Inhalt von Vorratsberechnungen" gefordert. Dasselbe betont TISCHENDORF (1961) im Zusammenhang mit der Bildung des Zentralen Geologischen Instituts. Eine gute Zusammenarbeit zwischen Markscheider und Geologen würde eine kartenmäßige Auswertung erleichtern und verbessern.

Im Interesse der Staatlichen Geologischen Kommission liegt eine form- und wertbeschreibende Darstellung, die die Vorratsberechnung nach der günstigsten Methode möglich macht, einen Einblick in die Lagerungsverhältnisse und die Änderung der chemischen Zusammensetzung gibt, die schriftliche Beschreibung veranschaulicht und darüber hinaus eine Reduzierung des Textumfanges ermöglicht. Durch eine Darstellung von wenig übersichtlichen Erkundungsergebnissen auf Karten kann eine Auswertung unter bestimmten Gesichtspunkten erst möglich werden (z. B. Feststellung der Schüttungsrichtungen bei Entstehung von Fe-Lagerstätten). Die Darstellungen sollen nachtragungsfähig sein, um spätere Ergebnisse eingliedern zu können. Da der Abschlußbericht in mehreren Exemplaren hergestellt wird, ist eine einfache Vervielfältigung zu gewährleisten. Die Darstellungsweise soll so gewählt werden, daß die Ergebnisse durch das Projektierungsbüro und den späteren Betrieb verwendet werden können. Für jede Karte und für jeden Riß ist eine einfache, klare und übersichtliche Form zu finden. Der wichtige Inhalt soll sofort auffallen und einen unmittelbaren Eindruck vermitteln; denn diese Karten bekommen auch Bearbeiter in die Hand, die nicht mit der Darstellungsweise vertraut sind. Den verschiedenen Interessen entsprechend soll aber auch jeder eine ihn interessierende Auskunft erhalten. Die zeichnerische Arbeit ist dabei so gering und rationell wie möglich zu halten, da nicht genügend Arbeitskräfte zur Verfügung stehen.

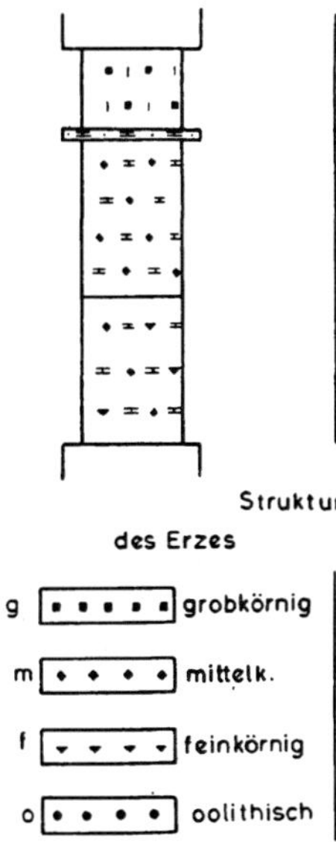

Abb. 1.
Petrographischer Schnitt

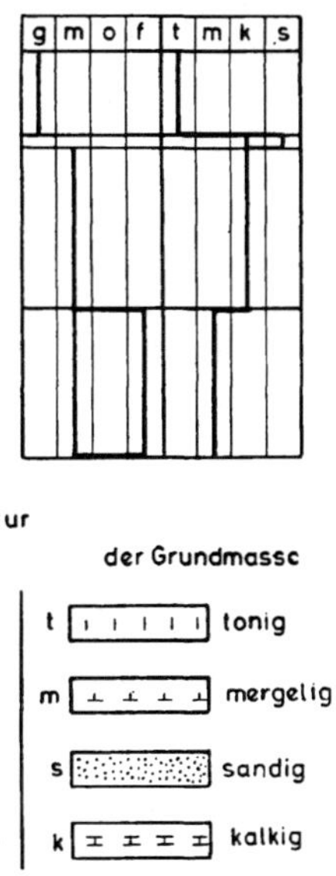

Abb. 2.
Schematische Darstellung

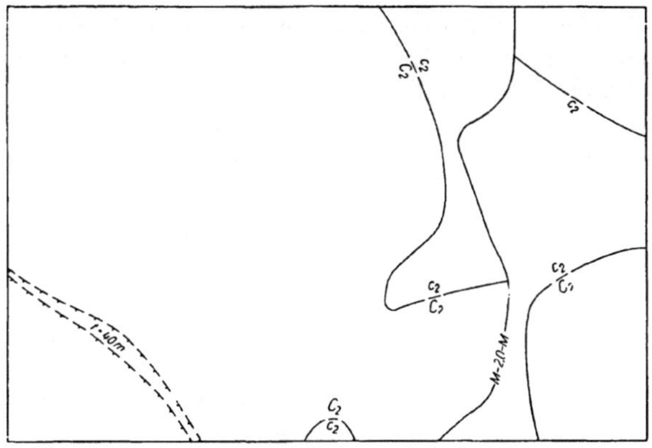

Abb. 3. Begrenzung der Bilanz- und Außerbilanzvorräte
–M-2,0-M– 2-m-Mächtigkeitslinie des Mittels (angenommene Grenze für die Aufspaltung in zwei Erzlager)

Im norddeutschen Raum setzt die Erkundung auf sedimentäres Eisenerz ein. Die Aufgabe des Verf. war es, eine Diskussionsgrundlage für die Herstellung von Rissen und Karten nach den obenangeführten Anforderungen zu schaffen. Dabei waren bestehende Normen und Darstellungsformen zu beachten bzw. auf ihre Eignung zu untersuchen. Die nachfolgenden Vorschläge sind schematisch, da keine echten Bohrergebnisse verwendet werden konnten. Der Lagerstättentyp (Ia) und der Bohrabstand (1000 m) waren vorgegeben, die Teufe ist ungefähr bekannt, die chemische Zusammensetzung wurde in Anlehnung an eine Veröffentlichung von O. SEITZ (1943—1948) festgelegt.

Für die Ausgestaltung eines Lagerstättenarchivs im Erzbergwerksbetrieb lag ein Normenentwurf aus Westdeutschland vor. Er geht, wie aus dem Steinkohlenbergbau bekannt, vom Betriebspunktriß aus, der großmaßstäblich alle Angaben für einen Abbauabschnitt enthält. Mehrere Darstellungen werden daraus abgeleitet. Für die Zwecke der Staatlichen Geologischen Kommission eignet sich eine Ausführung als Deckpause besser. Jeder darzustellende Parameter erreicht durch eine gesonderte Darstellung eine gute Übersichtlichkeit und Klarheit. Jeder Parameter kann mit einem oder mehreren anderen kombiniert betrachtet bzw. durch Lichtpausen vervielfältigt werden. Liegen mehrere Lager übereinander, sind getrennte Darstellungen zweckmäßig. So ist die Aussagefähigkeit der Musterblätter aus Westdeutschland, die viele Einzelheiten enthalten, bis zu einem gewissen Grade auch hier zu erreichen, ohne dabei an die oft verwirrende Vielfalt eines Blattes gebunden zu sein. Als Zeichengrundstoff wurde Zeichenfolie verwendet. Sie ist haltbar und vergilbt nicht. Klarzell ist nicht maßhaltig, neuerdings ist aus Bitterfeld die maßhaltige Folie Ekalon lieferbar. Gewöhnliche Tuschen haften schlecht. Es besteht aber die Möglichkeit, einen Lackfilm aufzuspritzen. Spezielle Folientusche erfordert beim Zeichnen einige Übung.

Das Ziel der Erkundung ist die Vorratsberechnung. Nach der angewendeten Methode richtet sich die Art der Darstellung. Die meisten Verfahren der Berechnung erfordern eine auf Interpolation begründete linienweise Darstellung. Karten dieser Art sind nicht nachtragungsfähig, nur der Aufwand zur Anfertigung kann reduziert werden. Darstellungen zur „Methode der nächsten Umgebung" (STAMMBERGER 1956) verlangen neue Konstruktionsarbeit und Berechnungen nur an den Stellen, wo neue Bohrungen kartiert werden. Die Anwendung dieser Methode wäre zu prüfen.

Die erste Eisenerz-Instruktion bestimmt, Vorratsberechnungen aus Rissen nicht kleiner als 1:5000 vorzunehmen. Der Maßstab sollte von den Lagerungsverhältnissen, der Ausdehnung der Lagerstätte und den darzustellenden Einzelheiten abhängen. Auf einer Rißplatte DIN A 1 1:5000 würden bei 1 km Bohrabstand 6 bis 8 Bohrungen kartiert werden können, für C_2-Vorräte sind 2 km Abstand zugelassen. Für den Lagerstättentyp I a wird der Maßstab 1:10000 ausreichen. Für Übersichtszwecke wird bei ausgedehnten Lagerstätten 1:25000 anwendbar sein. Die Entscheidung muß nach vorliegenden echten Bohrergebnissen getroffen werden.

Die darzustellenden Parameter sind in Gruppen zusammenzufassen. Die Blattitel werden so angeordnet, daß beim Übereinanderlegen gemeinsam interessierender Darstellungen keine Überdeckung eintritt. Der Platzbedarf für Ausdrucksformen für jedes Bohrloch wird durch Maßstabswahl so begrenzt, daß Karten und Risse bis 1 km Bohrabstand nachtragungsfähig sind. Aus den einzelnen Gruppen seien einige Beispiele angeführt.

1. Gruppe: Allgemeine Darstellungen

Hierzu zählen Übersichtskarten, topographische Karten, Bohrkarten, großräumige geologische Karten.

2. Gruppe: Analysenkarten

Nach Darstellung der Analyse über die Gesamtmächtigkeit kann der Geologe unter Berücksichtigung des industriellen Minimalgehalts und des geologischen Schwellengehalts das Erzlager gegen geringwertige Partien abgrenzen. Zwei Analysenschnitte aus den „Richtlinien zur Herstellung und Ausgestaltung des bergmännischen Rißwerkes" (DIN 21900, 3.032 und 3.128) wurden für Bohrergebnisse abgewandelt.

3. Gruppe: Petrographische Darstellungen

Petrographische Schnitte nach DIN 21900, 3.032 (Abb. 1) sind zeichnerisch sehr aufwendig, vermitteln aber einen guten Überblick. Schematische Darstellungen (Abb. 2) sind möglich. Die Darstellung kann in der Bohrrißebene oder in Längs- und Querschnitten erfolgen.

4. Gruppe: Formbeschreibende Darstellungen

Aus dieser Gruppe sollen hier als Beispiel nur die Linien gleicher Mächtigkeit (Abb. 4) gezeigt werden, da sie zur Vorratsberechnung oft herangezogen werden. Die Signaturen werden aus den Normen für den Braunkohlenbergbau abgeleitet. Für die Formbeschreibung sind auch andere Darstellungsformen möglich. Die Vektorendarstellung wird in einer anderen Gruppe beschrieben. Die Bohrstäbchen können als Anaglyphenbild gezeichnet werden und geben dann einen guten Einblick in komplizierte Lagerungsverhältnisse.

5. Gruppe: Verteilung der Komponenten

Es ist möglich, jeder Komponente eine gesonderte Linienform zuzuordnen. Die in den Linien gleichen Fe-Gehalts (Abb. 5) als Beispiel gezeigte Signatur ist übersichtlicher, zeichnerisch günstiger und für alle Linien gleichen Gehalts anwendbar. Der Gehalt an einer Komponente kann auch in Vektorenform dargestellt werden (Abb. 6). Diese Ausdrucksform ist ein Versuch, zu einer zeichnerisch wenig aufwendigen, nachtragungsfähigen Darstellung zu kommen. Der Unterschied zwischen zwei Bohrlöchern wird in geeignetem Maßstab als Vektor dargestellt, die Richtung zeigt den Anstieg an. Um durch ein Zusammenlaufen der Vektorenspitzen ein Maximum zu kennzeichnen, werden die Vektoren mit der Spitze um die Zahl gesetzt. Gleichlange Vektoren bedeuten gleichen Anstieg, keine Vektoren gleichbleibenden Gehalt. Die Zahlen im Kreis bezeichnen den Durchschnittsgehalt in %. Eine Farbgebung des Kreises gibt einen Überblick über die Verteilung der Komponente in der Lagerstätte.

6. Gruppe: Wertbeschreibende Risse

Aus den Linien gleicher Mächtigkeit und gleichen Fe-Gehalts lassen sich leicht Linien gleichen Fe-Inhalts ableiten. Die Mächtigkeit multipliziert mit dem Fe-Gehalt ergibt für jeden Schnittpunkt beider Linienscharen das Fe-Volumen pro Flächeninhalt (m^3/m^2). Diese Linien sind eine Ergänzung zur Beurteilung des Lagerstätteninhalts.

Zur Beurteilung eines Eisenerzes hat ZIMMER (1958) Wertzahlen entwickelt. Diese sollten dargestellt werden. Die zur Berechnung notwendigen Parameter können in Tabellenform zusammengefaßt werden. Um den sachlichen Unterschied zu den Linien gleichen Gehaltes zu betonen, wird die Signatur in vorliegender Art gewählt (Abb. 7).

7. Gruppe: Vorratsrisse

Nach vorgegebenen Konditionen werden die Grenzen für Gruppen und Klassen festgelegt. Die entsprechenden Deckpausen können übereinandergelegt und die Grenzen nachgezogen werden (Abb. 3). Auf Grund der so entstehenden Flächen wird die Vorratsberechnung vorgenommen. Zusätzliche Darstellungen, z. B. die zur Berechnung notwendigen Zahlen in Tabellenform für jedes Bohrloch, können die Rechnung erleichtern. Die Tabelle kann mit lichtpausfähiger Stempelfarbe auf den Riß gestempelt werden, die Zahlen sind einzutragen.

Die Fertigstellung des Bohrjournals wird vier Monate nach Beendigung der Bohrarbeiten gefordert (lt. Arbeitsordnung zur Felddokumentation). Darin sind alle Untersuchungen mit endgültigem Schichtenverzeichnis enthalten. Um die Herstellung von Karten zu erleichtern, wäre es zweckmäßig, einen Auszug mit chemischer Analyse und Schichtenverzeichnis der Erzhorizonte so bald wie möglich weiterzugeben. Nach der Herstellung der Bohrrisse (-karten) könnte sofort mit den Darstellungen zum Lagerstättenarchiv begonnen werden. Der Analysenriß wäre die erste notwendige Arbeit. Nach Abgrenzung der Lager und Bestimmung der Durchschnittsgehalte erfolgt deren Zusammenstellung zur Bestimmung der Wertzahl. Daraus lassen sich alle folgenden Darstellungen nach Abschluß der Erkundung eines Objektes ableiten. Die nachtragungsfähigen Folgedarstellungen haben den Vorteil, nicht nur nach Abschluß der Erkundung, sondern schon während derselben laufend nachgetragen werden zu können. Lediglich die Begrenzung und Berechnung der Vorräte ist erst nach Abschluß der Arbeiten möglich. In enger Zusammenarbeit zwischen Geologen und Markscheider entsteht ein Abschlußbericht, der eine kontinuierliche, sinnvolle und höchstmögliche Auswertung von Bohrergebnissen darstellt. Von den in der Unterlagenzentrale der Staatlichen Geologischen Kommission aufbewahrten Originalen können jederzeit für interessierte Dienststellen bestimmte Karten hergestellt werden.

Das richtig geführte Lagerstättenarchiv soll einen kontinuierlichen Übergang von der Vorerkundung zur Erkundung, weiter zur Projektierung und zum Betrieb

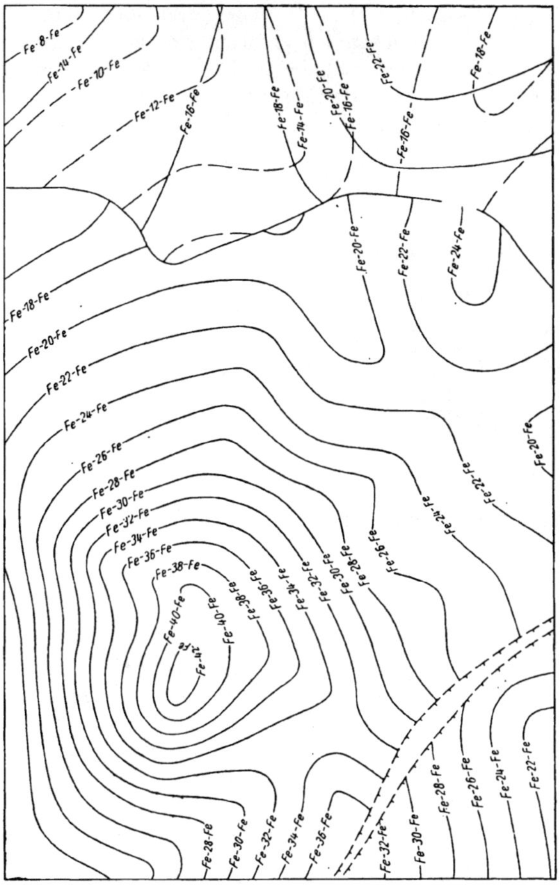

Abb. 5. Linien gleichen Fe-Gehalts
Nach Aufspaltung in zwei Erzlager: — — oberes Lager, ——— unteres Lager

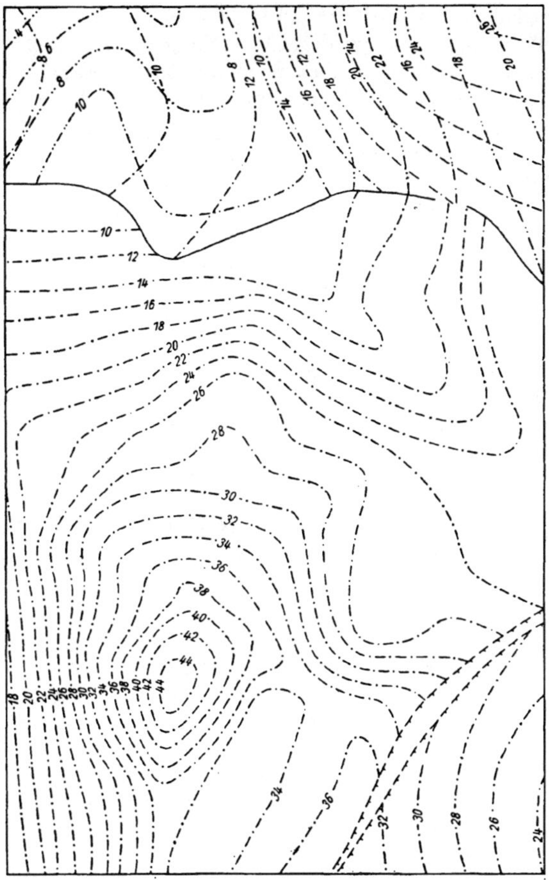

Abb. 7. Linien gleicher Wertzahlen
Nach Aufspaltung in zwei Erzlager: —·—··— oberes Lager, —·—·— unteres Lager

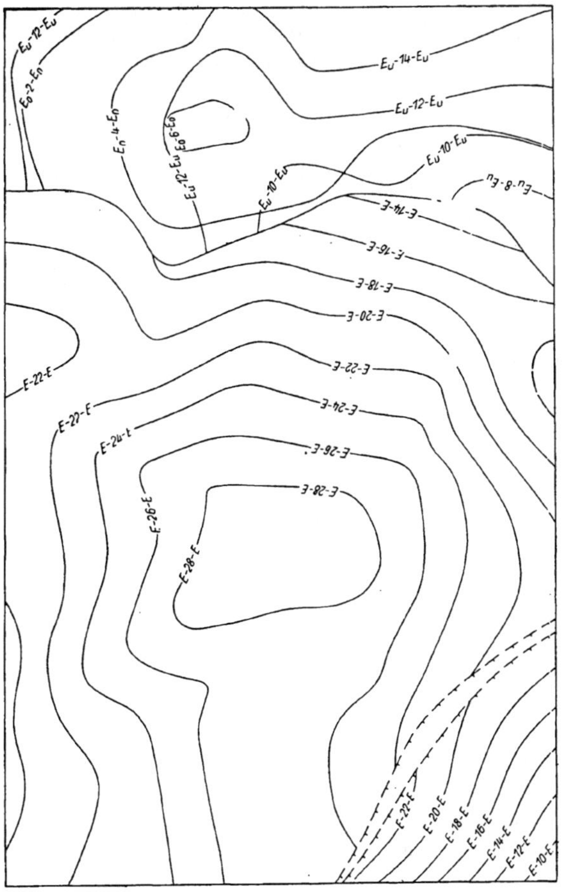

Abb. 4. Linien gleicher Mächtigkeit des Erzlagers
E – Erzlager, E_o – oberes Erzlager, E_u – unteres Erzlager

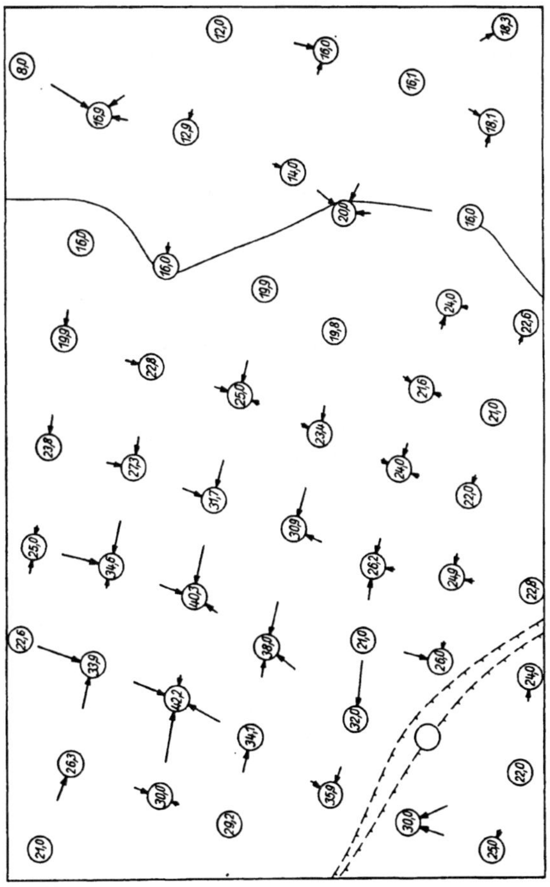

Abb. 6. Änderung des Fe-Gehalts in Vektorendarstellung

ermöglichen. Es wird von Stufe zu Stufe ergänzungsbedürftig sein bzw. werden Darstellungen überflüssig werden. Doch können auch noch für den Bergwerksbetrieb die Karten aus Bohrergebnissen wertvolle Unterlagen zur großräumigen Betriebsplanung bedeuten. Die im Bergbau immer vorhandenen Unsicherheitsfaktoren werden gesenkt. Es muß sich die Erkenntnis durchsetzen, daß das Lagerstättenarchiv in der Staatlichen Geologischen Kommission nicht mit der Fertigstellung des Abschlußberichts abgeschlossen ist. Es wird für Projekte und Betriebsplanungen mit um so größerem Erfolg Anwendung finden können, je mehr von Anfang an in der Schaffung von Untersuchungsergebnissen und Darstellungen auf diese weiteren Benutzer Rücksicht genommen wird. Auf der anderen Seite ist es eine Notwendigkeit, Projektierung und Betrieb darauf hinzuweisen, welche Vorteile durch eine Fortführung des Lagerstättenarchivs zu erzielen sind. Wird eine kontinuierliche Arbeit dieser Betriebe erreicht, so ist eine wirtschaftliche Form der Gewinnung und Verwertung von unwiederbringlichen Mineralvorräten gewährleistet.

Literatur

NEUBERT, K.: Das Lagerstättenarchiv, die Grundlage bergmännischer Planungsarbeiten. — Freib. Forsch.-H., A 42, Berlin 1955.

SEITZ, O.: Das Eisenerz im Korallenoolith der Gifhorner Mulde bei Braunschweig und Bemerkungen über den oberen Dogger und die Heersumer Schichten. — Geol. Jb., **64** (1943—1948).

STAMMBERGER, F.: Einführung in die Berechnung von Lagerstättenvorräten fester mineralischer Rohstoffe. — Berlin 1956.

TISCHENDORF, G.: Zur Bildung des Zentralen Geologischen Instituts als wissenschaftlich-technisches Zentrum der Staatlichen Geologischen Kommission. — Z. angew. Geol., **7**, H. 7, S. 333—336, Berlin 1961.

ZIMMER, W.: Ein Beitrag zur metallurgischen Beurteilung von Eisenerzen. — Neue Hütte, **3**, H. 4, S. 233 ff. (1958).

Über das Testen von Erkundungsbohrungen in Erdöl- und Erdgaslagerstätten[1]

N. I. BUJALOW, Moskau

Die wichtigste und verantwortungsvollste Etappe beim Erkundungsbohren ist das Testen der Bohrungen. Es dient dazu, die Öl- und Gaslager zu erkunden und die industrielle Öl- und Gasführung der Schichten zu ermitteln. Die Ergebnisse des Testens sind für die Exploitation der Lagerstätten von großer Bedeutung. Von der richtigen Auswahl der Maßnahmen zum Aufschluß der Schichten und dem nachfolgenden Testen hängt die Entdeckung neuer öl- und gasführender Bezirke wesentlich ab.

Die mit dem Testen der Bohrungen zusammenhängenden Arbeiten sind entscheidend für den Wirkungsgrad der Lagerstättenerkundung. Sie erlangen daher im Gesamtrahmen der Such- und Erkundungsarbeiten auf Öl und Gas große Bedeutung. Wie jedoch die Untersuchungen zeigten, ist der Stand der genannten Arbeiten gegenwärtig unbefriedigend. Sie werden manchmal mit unvollkommenen Methoden und oft mit veralteten technischen Mitteln ausgeführt.

Bei den Such- und Erkundungsarbeiten auf Öl und Gas kann man zwei Hauptgruppen von Bohrungen unterscheiden, Suchbohrungen und Erkundungsbohrungen. Zur ersten Gruppe gehören die Kartierungs-, die Struktur-, die Parameter- und die Basisbohrungen; zur zweiten Gruppe die Erkundungsbohrungen und die Erweiterungsbohrungen.

Von allen genannten Bohrungen werden nur die Basisbohrungen, die Such- und Erkundungsbohrungen und die Erweiterungsbohrungen getestet. In allen Bohrungen müssen komplexe Untersuchungen vorgenommen werden. Auf ihrer Grundlage werden die Intervalle für das Testen ausgewählt und begründet, um einen Öl- und Gaszufluß zu erhalten.

Bekanntlich ist das zuverlässigste Mittel zur Feststellung von Erdöl in einer Schicht die Entnahme von Gesteinsproben aus derselben. Diese können dem Bohrkern entnommen oder durch seitliche Probenahme erlangt werden. Dadurch allein erhält man aber wegen des geringen Kerngewinns keine ausreichende Charakteristik des gesamten, durch die Erkundungsbohrung aufgeschlossenen Schichtprofils. Zur Erlangung einer befriedigenden Charakterisierung des aufgeschlossenen Profils und zur Kenntnis des technischen Zustandes des Bohrlochs müssen verschiedene geologisch-geophysikalische Messungen und Untersuchungen durchgeführt werden, wie die Elektrokarottage (einschließlich Mikrolog, BKS u. a.), γ-Log, Neutron-γ-Log, Kalibermessungen, Neigungsmessungen und geochemische Vermessung (Gaskarottage).

Alle genannten Bohrlochuntersuchungen haben zum Ziel, neben der Untersuchung des lithologisch-stratigraphischen Profils der Schichten auch die Auswahl der auf Öl- und Gasführung direkt zu testenden Schichten zu ermöglichen. Von der richtigen Auswahl derselben hängt vielfach der gesamte Ausgang der Erkundung ab, nämlich die Aussichten auf Öl- und Gasführung der einzelnen Schichten des Gesamtprofils und damit die Höffigkeit der Felder überhaupt.

Mit der Entwicklung der geophysikalischen Methoden, speziell der radioaktiven Bohrlochmessungen und der Gaskarottage, hat sich die Effektivität bei der Auswahl der aus einem aufgeschlossenen Bohrprofil direkt auf Öl- und Gasführung zu testenden Schichten wesentlich verbessert. Dies trifft besonders auf die gewöhnlichen Porenspeichergesteine (Granularspeicher) zu, die in bekannten öl- und gasführenden Feldern bereits hinreichend untersucht sind. In jenen Gebieten aber, in denen kompliziertere Speichergesteinstypen auftreten, darunter karbonatische und klüftige Speichergesteine, ist das Problem der Ermittlung der öl- und gasführenden Schichten in den Profilen bei weitem noch nicht gelöst. Gegenwärtig erfolgt die Ermittlung der zu testenden Objekte hauptsächlich durch bohrlochgeophysikalische u. a. Untersuchungen. Die bei der Kernentnahme, beim Kernschießen, bei der Analyse des Bohrschlamms gewonnenen Daten sowie andere beim Bohren gemachte geologische Beobachtungen werden zusätzlich ausgewertet.

Die lithologische Zusammensetzung des Speichergesteins und die geologische Charakteristik des Profils bestimmen, ob die genannten Aufgaben durch geophysikalische Untersuchungen erfolgreich gelöst werden können.

[1]) Eingang des Manuskripts in der Redaktion: 30. 10. 61. — Deutsche Übersetzung des Originalbeitrags: W. OESTREICH

Mächtige Schichten reiner Sandsteine ohne Tonbeimengungen sind mit Hilfe der Karottagediagramme am leichtesten zu ermitteln. In solchen Fällen genügen die Standarddiagramme der Elektrokarottage bisweilen auch für eine qualitative Einschätzung der Öl- und Gasführung einer Schicht. Exakter kann dies nach den Unterlagen der BKS geschehen. Liegen im Profil tonige und dichte Varietäten von Sandsteinen vor, dann werden zu ihrer Ermittlung die Werte der Elektrokarottage und des BKS durch die radioaktive Bohrlochmessung (γ-Log, n-γ-Log) ergänzt.

Eine schwierige, gegenwärtig noch völlig ungelöste Aufgabe ist die Feststellung bzw. die Einschätzung der Speicherfähigkeit toniger Sandsteine und Aleurolite, ferner von Sandsteinen und Ton in feiner Wechsellagerung durch geophysikalische Messungen.

Eine sehr komplizierte Aufgabe ist auch die Einschätzung der Öl- und Gassättigung karbonatischer Speichergesteine nach den Karottagediagrammen, da die Bestimmung des wahren Widerstandes aus Daten der BKS infolge des tiefen Eindringens der Tonspülung in die Schichten mit großen Schwierigkeiten verknüpft ist.

Zwecks zuverlässigerer Ermittlung der zu testenden Schichten in Such- und Erkundungsbohrungen mit karbonatischem Profil werden neben den geophysikalischen Untersuchungen in großem Umfang die Gasvermessung sowie die Lumineszenzanalyse von Spülproben eingesetzt.

Die Ermittlung klüftiger Speichergesteine mittels bohrlochgeophysikalischer Werte ist eine außerordentlich schwierige Aufgabe. Bis jetzt gibt es noch keine Methoden zur Feststellung von Speichergesteinen dieses Typs im Profil der Bohrungen. In dieser Richtung durchgeführte Untersuchungen zeigten jedoch, daß eine komplexe Auswertung der Ergebnisse der elektrischen Bohrlochmessung, hauptsächlich der BKS, der radioaktiven Messung, der n-γ-Messung, unter Berücksichtigung der mit anderen Methoden (Mikrolog, γ-Log, Kalibermessung) erhaltenen Werte und in Verbindung mit der Gasvermessung, mit Lumineszenzuntersuchungen der Spülproben und des Bohrschlamms, positive Ergebnisse für die Ausscheidung solcher Zonen geben kann.

Es zeigt sich somit, daß es mit den vorhandenen geophysikalischen und geochemischen Methoden nicht immer möglich ist, die zu testenden Intervalle in Erkundungsbohrungen erfolgreich auszuscheiden. Neben der Vervollkommnung der bestehenden geophysikalischen Methoden und der Entwicklung neuer ist es daher erforderlich, besonders bei kompliziert gebauten Speichern, das Kernschießen in den Bohrungen umfassend anzuwenden. Große Möglichkeiten bietet die Verwendung „bohrender" Geräte beim seitlichen Kernen. Sie sind besonders in dichten Gesteinsvarietäten wirkungsvoll.

Die bisherige Unvollkommenheit der heute zur Ermittlung der Öl- und Gasführung der Schichten im Bohrprofil angewandten geologischen, geophysikalischen und geochemischen Methoden, der unzureichende Probengewinn bei Meißelbohrungen sowie der ungenügende Stand des Testens während des Bohrens führen zu einem überflüssigen Arbeitsaufwand bei diesen Arbeiten. Gleichzeitig können einzelne öl- und gasführende Horizonte übersehen werden, d. h., es ergibt sich eine falsche Einschätzung der Öl- und Gashöffigkeit einzelner Felder oder sogar Bezirke. Damit werden die Öl- und Gasvorräte bestimmter Kategorien (A + B) verringert.

Gegenwärtig wird das Testen der Erkundungsbohrungen immer komplizierter, da die durchschnittlichen Bohrteufen zunehmen und sich im Zusammenhang damit die Lagerstättendrücke und die Temperaturen erhöhen. Außerdem werden in den Erkundungsbohrungen, besonders bei den Basisbohrungen, neben den öl- und gasführenden Schichten auch die wasserführenden Horizonte getestet, die in vielen Gebieten hochmineralisierte Wässer und Solen führen, die für die Gewinnung von Jod, Brom, Bor, Lithium und anderen wertvollen Komponenten genutzt werden können. Besondere Beachtung verdient die Untersuchung der Temperaturverhältnisse tiefer Schichten, u. a. durch den Nachweis von Untertagewässern mit hoher Temperatur, da dieselben später bei der Wärmeversorgung von Städten sowie von Industrie- und landwirtschaftlichen Betrieben praktisch genutzt werden können. Das alles erhöht den Umfang der mit dem Testen von Basis- und Erkundungsbohrungen zusammenhängenden Arbeiten ganz erheblich. Daher sind die Testarbeiten als die wichtigste Etappe bei der Erkundung von Öl- und Gaslagerstätten zu betrachten.

Der gegenwärtige Stand der Testarbeiten in einer Reihe von Ländern des sozialistischen Weltlagers zeigt, daß sie den gestellten Anforderungen bei weitem nicht genügen. Vor allem treten in der Organisation dieser Arbeiten ernste Mängel auf. Dadurch wird das Testen der Bohrungen in den meisten Fällen hinausgezögert, und die hierfür verausgabte Zeit führt sehr häufig zur Überschreitung der Termine für das Niederbringen der Bohrungen. Eine Ursache für diesen unbefriedigenden Zustand liegt in einer mangelhaften Planung der Erkundungsbohrungen selbst.

Die Hauptkennziffer des Plans ist die Meterzahl der niedergebrachten, jedoch nicht die Anzahl der getesteten Bohrungen. Infolge dieses Planungsverfahrens konzentrieren die Bohrbetriebe ihr Hauptaugenmerk auf die Planerfüllung nach der Bohrmeterleistung. Für gute Organisation und qualitativ hochwertige Durchführung der Testarbeiten zeigen sie nicht das notwendige Interesse.

Untersuchungen in einer Reihe von Ländern haben ergeben, daß infolge des bestehenden Planungssystems in den Bohr- und Erkundungsbetrieben eine paradoxe Lage eingetreten ist. Der Hauptzweck des Erkundungsbohrens ist die Erkundung von Öl und Gas durch detaillierte Untersuchung der durchsunkenen Profile und die Bestimmung der Exploitationsmöglichkeit öl- und gasführender Schichten durch das Testen. Zu gleicher Zeit aber wird diesen Arbeiten nicht die gebührende Aufmerksamkeit zuteil. Von den drei Etappen beim Erkundungsbohren, dem Aufbau der Bohranlage, dem Niederbringen der Bohrung und dem Testen, wird die wichtigste, organisatorisch und technisch entscheidende Etappe stark vernachlässigt.

Außerordentlich große Bedeutung für das Testen kommt dem Aufschluß der Schichten zu. Dies wurde besonders aktuell, als karbonatische und andere dichte, wenig durchlässige Speichergesteine in die Erkundung einbezogen wurden. Ungeachtet dessen, daß sich die geologischen Bedingungen der Erkundung neuer Öl- und Gaslager erheblich gewandelt haben und immer komplizierter wurden, blieben die technischen Verfahren und Mittel beim Aufschluß der Schichten und beim Testen in den meisten Fällen auf dem früheren Niveau stehen. Die gegenwärtig verbreitetste Methode des Aufschlusses ist die der durchgehenden Perforation, bei der zusammen mit den produktiven Schichten auch die damit wechsellagernden unproduktiven aufgeschlossen werden. Diese Methode ist nicht rationell, da gleichzeitig mit den produktiven Gesteinen auch Tone einbezogen werden, was den technischen Zustand der Bohrlöcher verschlechtert.

Die zweite Methode, die selektive Perforation, besteht darin, daß nur jene Intervalle geöffnet werden, die produktiven Schichten mit deutlich ausgeprägter Porosität, Permeabilität usw. entsprechen. Diese Methode ist wirkungsvoller. Bei ihrer technischen Durchführung, besonders beim Auftreten geringmächtiger produktiver Schichten, ist jedoch eine große Genauigkeit der Arbeiten erforderlich. Bekanntlich hängt dies mit der maximalen Konzentration der Perforation von Rohrtouren in beschränkten Teufenintervallen zusammen.

Die Einschätzung der Produktivität zu testender Schichtintervalle wird auch dadurch negativ beeinflußt, daß der Aufschluß produktiver Horizonte beim Bohren nicht differenziert behandelt wird. Gewöhnlich werden Standardspülungen verwendet, manchmal beschwert mit Baryt. Eine solche Wahl der Spülflüssigkeit gewährleistet lediglich, daß die Bohrungen bis zu den projektierten Teufen niedergebracht werden, garantiert aber nicht immer eine sachgemäße Einschätzung der Produktivität der zu testenden Schichten. Für ein vollwertiges Testen unter Beibehaltung der natürlichen Permeabilität der Schichten ist es erforderlich, der Auswahl der Spülflüssigkeiten die gebührende Beachtung zu schenken. Man muß bestrebt sein, für die praktische Durchführung aller mit der Schichtprüfung zusammenhängenden Arbeiten optimale Bedingungen zu sichern. Untersuchungen zeigten, daß man in einer Reihe von Gebieten fortfährt, die Verrohrung über der Sohle schablonenhaft vorzunehmen, unabhängig vom Charakter der Speichergesteine. Gut körnige (granulierte) Speichergesteine (z. B. Sande, Sandstein u. a.) und Speichergesteine, die aus klüftigen Gesteinen oder aus einer feinen Wechsellagerung pelitischer und aleurolitischer Lagen bestehen, werden gewöhnlich von der Verrohrung abgedeckt, mit nachfolgender Tamponage und späterer Perforation. Ein derartiger Aufschluß dieser Gesteinsschichten führt nicht zur gewünschten Wirkung. Er führt zur Verstopfung der Mikrospalten und zum Verlust des hydrodynamischen Zusammenhangs zwischen Bohrloch und Schicht.

Das Testen von klüftigen Speichergesteinen muß im offenen Bohrloch geschehen. Das wird leider sogar in den Fällen sehr selten praktiziert, in denen dafür günstige geologisch-technische Bedingungen (z. B. feste Gesteine) vorhanden sind.

Beim Testen der Erkundungsbohrungen wird gegenwärtig das Hauptaugenmerk darauf gerichtet, Öl oder Gas zu erhalten, während die Parameter der Schicht in der Regel nicht bestimmt werden. Die in der UdSSR in der Praxis angewandten hydrodynamischen Bohrlochuntersuchungsmethoden erlauben indessen, neben der Einschätzung der produktiven Charakteristik der Bohrungen zugleich einige sehr wichtige Schichtparameter zu bestimmen, die für die Berechnung der Öl- und Gasvorräte und die Exploitation der Lagerstätten erforderlich sind. Die Daten der hydrodynamischen Untersuchungen ermöglichen darüber hinaus, die Permeabilität, die Porosität und die Verschlechterung bzw. Verbesserung weiterer Parameter der sohlennahen Schichtzonen zu bestimmen. Mittels derselben kann man ferner Zonen mit abnehmender Durchlässigkeit ermitteln, ebenso Störungen, welche die Öl- und Gaslager abschirmen.

Die komplexe Anwendung hydrodynamischer und geophysikalischer Methoden gestattet es, die effektive Mächtigkeit der öl- und gasführenden Schichten und die Verteilung der Ölführung in den einzelnen Horizonten zu bestimmen, ebenso die Lage des Öl-Wasser- oder Gas-Wasser-Kontaktes.

Beim Testen der Erkundungsbohrungen besteht neben der Bestimmung der Öl- und Gasführung der Schichten die Möglichkeit, praktisch nahezu alle Schichtparameter auf Grund der hydrodynamischen Untersuchungen, sowohl bei stationärem als auch bei nichtstationärem Regime, mittels Filter zu bestimmen. Im ganzen gesehen, gestattet dies alles, die Erkundung der Lagerstätten bei erheblicher Verkürzung der Erkundungsdauer mit einer minimalen Anzahl von Bohrungen durchzuführen.

Die Mängel der üblichen Methodik und Technik des Testens nach Abschluß des Bohrprozesses und nach Einbringen der Wassersperre gaben Anlaß, sich der Entwicklung wirtschaftlicherer Testverfahren während des Bohrprozesses selbst zuzuwenden. Eine der aussichtsreichsten Methoden zum Testen während des Bohrens ist die Verwendung von Schichtprüfern verschiedener Konstruktion. Mit deren Hilfe erhält man Angaben über die Menge und die Qualität von Flüssigkeit oder Gas. Des weiteren können die Lagerstättendrücke gemessen und die Ergiebigkeit der Bohrungen nach der Druckerneuerungskurve berechnet werden. Ferner werden die Temperaturverhältnisse in der Schicht bestimmt.

Ohne Zweifel wird das Testen der Schichten während des Bohrprozesses wegen seiner großen Witschaftlichkeit und der Möglichkeit technischer Vervollkommnung künftig einen führenden Platz einnehmen.

Unter diesen Verhältnissen werden in verrohrten Bohrlöchern nur diejenigen Intervalle getestet, die sich während des Bohrens als aussichtsreich erwiesen haben. Diese Maßnahme muß verwirklicht werden und wird eine beträchtliche Erhöhung der Effektivität der Erkundungsbohrungen gewährleisten. Letztlich wird sie damit zu einer erheblichen Verkürzung der Fristen für die Erkundung der einzelnen Lagerstätten führen.

Zur Planung und Organisation der Testarbeiten wird empfohlen, als Hauptkennziffer die Zahl der Bohrungen zu verwenden, die niedergebracht und getestet sind, unter Berücksichtigung der Anzahl der zu testenden Schichten. Die Bohrmeterzahl sollte im Plan lediglich als Berechnungsindex betrachtet und stets nur in enger Verbindung mit den durchgeführten Testarbeiten beurteilt werden.

Hinsichtlich der Methodik und der beim Testen einzuhaltenden Technologie wird für jedes Gebiet die rationellste komplexe Methode zur Untersuchung der Bohrungen entwickelt. Dabei sind folgende Gesichtspunkte zu beachten:

a) Es muß gewährleistet werden, daß beim Niederbringen der Bohrungen die Schichten „rein" aufgeschlossen werden und ihre natürliche Permeabilität gewahrt wird;

b) für klüftig-poröse und für schwach durchlässige Speichergesteine ist bei günstigen geologischen Verhältnissen die Verwendung einer hauptsächlich offenen Konstruktion der Bohrlochsohle anzuwenden, mit Aufschluß der maximal möglichen Mächtigkeit der Schicht innerhalb der produktiven Folge ohne Einbringen und Zementierung der Rohrtour;

c) statt Kolben und Swabben zur Anregung eines Zuflusses aus der Schicht Anwendung neuer Kompressorverfahren;

d) Bestimmung aller erforderlichen lithologisch-physikalischen Parameter der Schicht mit Hilfe hydrodynamischer und anderer Untersuchungen bei stationärem und nichtstationärem Regime mittels Filter.

Hinsichtlich der für die Testarbeiten erforderlichen technischen Ausrüstung müssen die Bohr- und Erkundungsbetriebe verstärkt mit Typenausrüstungen und technischen Mitteln für das Testen und die Reparatur der Bohrungen bis zu 3000—4000 m Teufe versehen werden. Zugleich müssen die experimentellen und die konstruktiven Arbeiten zur Vervollkommnung der bestehenden Ausrüstung und zur Entwicklung neuer Arten von Ausrüstungen für das Testen und die Untersuchung der Bohrungen nach dem Niederbringen intensiviert werden. Diese Ausrüstungen sollten eine maximale Mechanisierung und Automatisierung der Arbeiten sicherstellen.

Diesem Abschnitt im Prozeß des Aufsuchens und der Erkundung von Öl und Gas kommt außerordentlich große Bedeutung zu. Es besteht die Notwendigkeit, die Thematik zu erweitern und dementsprechend den Umfang der wissenschaftlichen Forschungsarbeiten zur Vervollkommnung bereits angewandter und zur Entwicklung prinzipiell neuer Testmethoden zu erhöhen. Erstrangige Aufgaben sind dabei die Entwicklung einer Methodik und neuer Apparaturen für qualitativ hochwertige bohrlochgeophysikalische Untersuchungen in Sonden mit hohen Temperaturen und großen Drücken; Intensivierung der Untersuchungen zur Entwicklung von Methoden des Laterolog, des Akustiklog, des Mikrolog und des Induktionslog in Bohrungen; Schaffung wirtschaftlicher Methoden zur Hydroperforation unter Anwendung abrasiver Stoffe, die gewährleisten, daß verschmutzte Speichergesteine sowie Schichten mit schlechten Speichereigenschaften zuverlässig aufgeschlossen werden.

Bei der Entwicklung von Methoden zum Testen von Gasbohrungen, ferner zur Vervollkommnung der bestehenden Methoden wird empfohlen, die Untersuchungen auf das Erarbeiten einer Methodik zur Bestimmung der Schichtparameter in klüftigen Speichern hinzulenken. Ferner sollte versucht werden, beim Testen mittels gleichmäßiger Probenahme anhand der Stabilisierungskurven Aussagen zu erhalten. Des weiteren muß die wechselseitige Beeinflussung zweier Bohrungen für den Fall beachtet werden, daß in der bohrlochnahen Zone der Schicht die flüssige Phase ausfällt.

Mit diesen Ausführungen sind die aktuellen Aufgaben zur Verbesserung der Testarbeiten beim Aufsuchen und der Erkundung von Öl und Gas natürlich noch nicht erschöpft.

Aus vorstehendem geht jedoch klar hervor, daß das Testen der Bohrungen das wichtigste Glied ist, das sich sowohl methodisch als auch in bezug auf die technisch-praktische Durchführung auf der Höhe der modernen Wissenschaft und Technik befinden muß.

Zusammenfassung

Verf. erläutert das Testen von Erkundungsbohrungen auf Erdöl und Erdgas als wichtigsten Faktor bei der Beurteilung von Sonden und Lagerstätten. Er weist auf die Bedeutung der richtigen Auswertung der Testergebnisse für die Vorratsberechnungen und für die Festlegung des Förderregimes hin. Es werden Vorschläge zur Überwindung des gegenwärtig noch unbefriedigenden Standes der Testarbeiten unterbreitet, um diesen Prozeß dem neuesten Stand der Technik anzugleichen.

Резюме

Автор освещает опробование разведочных скважин на нефть и газ как важнейший фактор при оценке зондов и месторождений. Он указывает на значение правильной интерпретации результатов опробования для подсчета запасов и для установления режима эксплуатации. Даются предложения для преодоления неудовлетворительного до сих пор состояния работ опробования с целью приравнения этого процесса к современному уровню техники.

Summary

The author discusses the testing of reconnaissance drillings for petroleum and natural gas as being the most important factor in the evaluation of probes and deposits. He points to the importance of correctly evaluating test results for reserve calculations and the fixation of the extraction regime. Proposals are submitted to overcome the status of test works still unsatisfactory at present, in order to adapt this process to the latest technical level.

Einige Besonderheiten beim Testen von Bohrungen[1)]

S. F. SIDORENKO

Im Dezember 1956 wurde auf dem Abino-Ukrainsker Feld zwischen der Station Abinskaja und der Stadt Krymsk eine Erkundungsbohrung im Sarmat eruptiv fündig.

Bis 1959 wurde hier ein intensives Bohrprogramm auf die Speicher in den Karagansker und Tschokraksker Horizonten und zur Abgrenzung des früher entdeckten Erdöllagers im Sarmat durchgeführt.

Die Mehrzahl der Erkundungsbohrungen erschlossen miozäne Ablagerungen vom Mäot bis einschließlich Tschokrak. Schichtlücken und Diskordanzen erschweren die stratigraphische Gliederung des Profils und die Korrelation der einzelnen Horizonte.

Tektonisch ist das Abino-Ukrainsker Feld eine flache Monoklinale mit einer kleinen Antiklinalfalte im zentralen Teil der Lagerstätte (Abb. 1 und 2).

Die Mächtigkeit der miozänen Ablagerungen im Bereich der Lagerstätte wechselt stark und hat die Tendenz einer Zunahme in Richtung des Einfallens (Abb. 1 und 3). Gleichzeitig verändert sich auch die lithologische Zusammensetzung der Gesteine. Typische elektrische Bohrlochdiagramme von den miozänen Ablagerungen in den Bohrungen 150 und 225 sind in Abb. 4 dargestellt.

Gegenwärtig gibt es keine genauen geophysikalischen Methoden, um erdöl-, wasser- und gasführende Zonen im feingeschichteten Karbonatprofil auszusondern. Daher müssen die Bearbeiter ihre besondere Aufmerksamkeit auf die Menge und die Qualität des Kerngewinns richten. In den einzelnen Bohrungen betrug der Anteil der Meißelstrecken bis zu 56%. Die Kernstrecken wurden so gewählt, daß in zwei benachbarten Bohrungen das gesamte Miozänprofil erfaßt wurde. Die Lagerstätte gliedert sich in drei Bereiche: den östlichen, zentralen und westlichen, die sich voneinander in der Mächtigkeit der Sedimente, in der verschiedenartigen lithologischen Zusammensetzung der Speichergesteine und in deren physikalisch-chemischen Eigenschaften unterscheiden.

[1)] Aus: „Geologija nefti i gasa", Nr. 1, 1961, S. 59—62. — Übers.: R. TESSIN

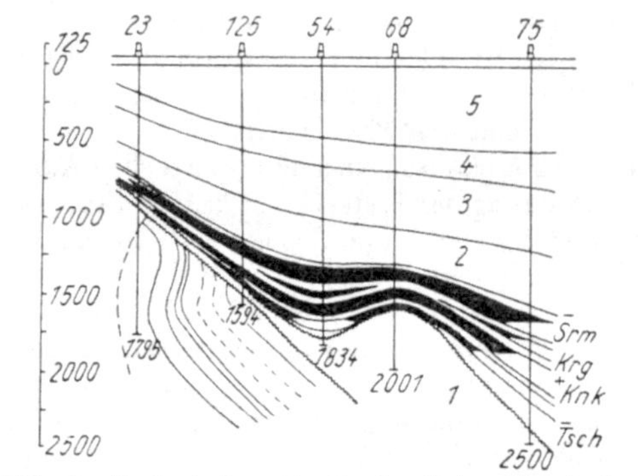

Abb. 1. Geologisches Profil der Abino-Ukrainsker Lagerstätte
1 — Maikop, 2 — Mäot, 3 — Pont, 4 — Erzschicht, 5 — Hangendschicht des Erzes

Im westlichen und östlichen Bereich treten Konglomerate, Breccien, Sandsteine, Aleurolite, Dolomite und Mergel als Speichergesteine auf. Rein sandige Schichten kommen im Profil nicht vor. Der produktive Teil der Horizonte selbst ist eine lebhafte Wechsellagerung toniger Partien mit schluffig-tonigen Schichten mit Einlagerung von erdölhaltigem Sand oder Sandsteinen. Teils sind sie ungeschichtet, kompakt und schwach glimmersandig, teils aber geschichtet, locker und stark sandhaltig.

Im zentralen Bereich der Lagerstätte dienen mächtige Einlagerungen von Sandstein, organogenem Kalk, Mergel, stark geklüftet und stellenweise dolomitisiert, auch von stark sandigem Kalk als Speichergestein. Die Mehrzahl der Klüfte enthält Erdöl.

Schwierig und von besonderem Interesse war die Auswertung der Testergebnisse der Erkundungsbohrungen.

Die erste Etappe der Lagerstättenbeurteilung mittels Filter bezog fast alle stratigraphischen Horizonte ein. Danach verringerte man die Testintervalle, um genauere Ergebnisse zu erzielen. Die Perforation wurde manchmal mit Kumulativperforatoren durchgeführt.

Im September 1959 wurden 55 Bohrungen abgeteuft. Die ergiebigsten Bohrungen liegen im N des zentralen Bereichs, wo im Vergleich mit anderen Teilen die Lagerstätte an effektiver Mächtigkeit zunimmt und die Gesteine eine größere Permeabilität aufweisen.

In der Mehrzahl der im zentralen Bereich niedergebrachten Bohrungen trat das Erdöl zu Beginn mit einer Tagesförderung von 30—35 t aus. Hinsichtlich des Lagerstättencharakters unterscheiden sich die im westlichen und östlichen Bereich niedergebrachten

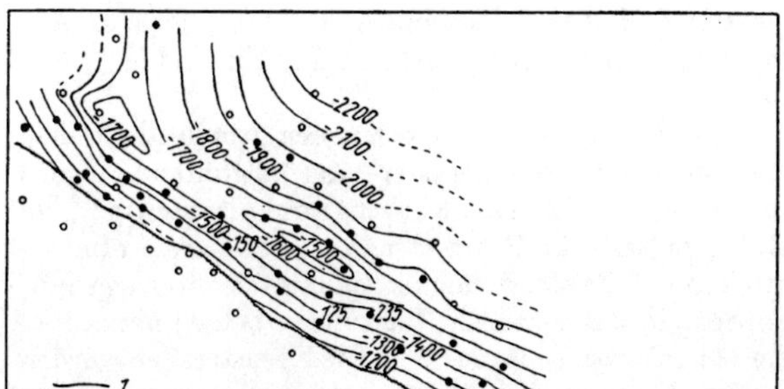

Abb. 2. Strukturkarte der Oberfläche des Karagansker Horizontes
1 — Isohypsen, 2 — Linie des Auskeilens des Karagansker Horizontes, 3 — Bohrungen mit abbauwürdigem Erdöl

Bohrungen stark von den Sonden des zentralen Bereichs. Nachdem die Bohrlöcher mit Wasser klargespült worden waren, eruptierten sie manchmal 10—15 Tage lang Lagerstättenwasser, bis sich ein Erdölfilm und später Erdöl einstellte. Es gab auch Fälle, in denen eine Bohrung zuerst Erdöl förderte, dann Wasser und schließlich wieder Erdöl.

In einigen Bohrungen überstiegen die Lagerstättendrücke nicht die hydrostatischen Drücke. Es mußte von Anfang an gepumpt werden. Aber auch in diesen Fällen wird eine Periodizität in der Förderung von Wasser und Erdöl beobachtet.

Die charakteristischsten Ergebnisse lieferten drei bestimmte Bohrungen. Die erste von ihnen brachte nach dem Klarspülen Wasser mit Gas. Am 6. Tag erschien ein schwacher Erdölfilm. Der Anteil des Erdöls nahm zu, und am 13. Tag machte es 15% der geförderten Flüssigkeitsmenge aus. In dem Maße, wie sich der Prozentsatz des Erdöls vergrößerte, verringerte sich die Gesamtausbeute der Sonde von 70 auf 42%/Tag. Merklich nahm auch die Menge des Gases ab, bis am 16. Tag die Gaszufuhr ganz unterblieb. Nachdem der Düsendurchmesser vergrößert wurde, brachte die Sonde

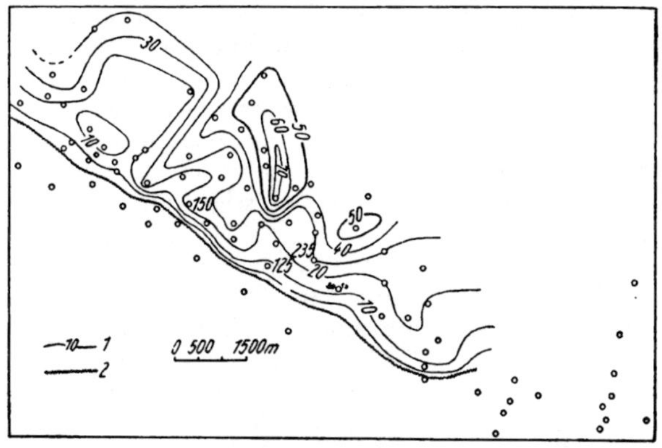

Abb. 3. Karte der gleichen effektiven Mächtigkeiten des Karagansker Horizontes
1 — Isopachen, 2 — Linie des Auskeilens des Karagansker Horizontes

nochmals Gas mit einer Tagesleistung von 25000 bis 30000 m³. Der Ölanteil erhöhte sich auf 30—35%. Gegenwärtig bringt die Bohrung täglich 25 t Erdöl mit einem Wassergehalt von 28%.

In der zweiten Bohrung wurde nach Ersetzen der Tonspülung durch Wasserspülung der Spiegel bis 250 m gesenkt, als Erdöl und Wasser frei auszulaufen begannen. Im Verlauf von 20 Tagen brachte die Sonde in periodisch schwankenden Abständen eine Flüssigkeitsmenge von 1—14 t/Tag. Der Wasseranteil schwankte zwischen 0 und 100%. Dabei sank der Spiegel bis 700—820 m. Bei anschließenden Pumpversuchen kam nur Wasser mit einem Ölfilm zu Tage. Durch das Pumpen aber vergrößerte sich der Anteil des Erdöls allmählich, und schon am 6. Tag wurde reines Erdöl gefördert. Gegenwärtig gibt die Sonde bei intermittierender Förderung ca. 1,5 t Erdöl pro Tag frei ausfließend.

Die dritte Bohrung förderte während des Klarspülens intensiv Emulsion. Danach begann sie bei 6-mm-Düse 25—30 t reines Erdöl pro Tag auszuwerfen. Aus technischen Gründen wurde sie kurze Zeit geschlossen. Als man die Sonde nach 16 Stunden wieder öffnete, gaste sie schwach und brachte Lagerstättenwasser mit einem Ölfilm zutage. In den folgenden anderthalb Monaten gab sie periodisch Öl und Wasser ab. Der

Übergang von der Wasser- zur Erdölförderung und der Übergang der Erdöl- zur Wasserförderung ging allmählich vor sich. Entsprechend wechselten Fördermenge und Druck.

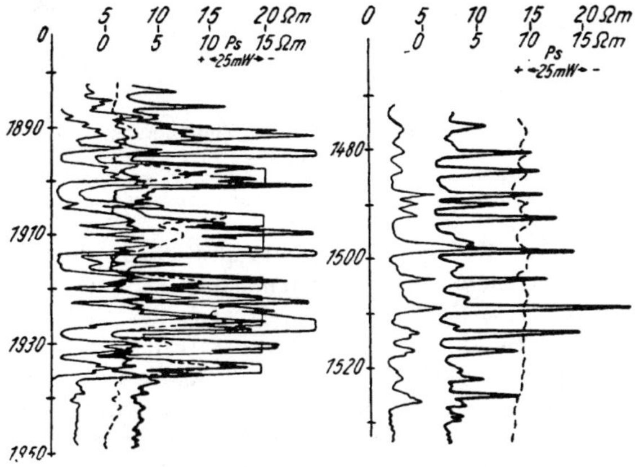

Abb. 4. Charakteristische elektrische Bohrlochmessungen
a – Bhg. 225 des zentralen Bereichs, b – Bhg. 150 des westlichen Bereichs

Die Ergebnisse, die bei der Erkundung der Abino-Ukrainsker Erdöllagerstätte erzielt wurden, lassen eine mehrschichtige lithologisch-stratigraphische Lagerstätte mit kompliziertem Aufbau erkennen. Nach den Testergebnissen kann man annehmen, daß jede einzelne Speicherschicht ein selbständiges Lager mit einem eigenen hydrodynamischen System, mit eigenen Konturen des Erdöls und möglicherweise auch mit verschiedenen Lagerstättendrücken ist. Unter dieser Voraussetzung wird der Wechsel der Erdöl- und Wasserzuflüsse verständlich. Anfangs bestehen in den Schichten hohe Drücke. Bei ihrer späteren Verringerung besteht die Möglichkeit, daß andere Schichten in die Förderung mit einbezogen werden.

Da alle Schichten auskeilen und durch Tone in allen Richtungen abgedeckt werden, kann man nicht von aktivem Wassertrieb sprechen, folglich auch nicht von normalen Wasserdruckverhältnissen. Wenn solche aber dennoch vorhanden sind, dann nur im Anfangsstadium der Förderung. Fernerhin wird der Entlösungstrieb das Hauptregime der Lagerstätte sein, allerdings bei schnell eintretender Erschöpfung.

K. K. LANDES, I. I. AMORUSO, L. I. CHARLESWORTH jr., F. HEANY & P. I. LESPERANCE

Erdölvorräte in Grundgebirgsgesteinen[1]

Referiert von RUDOLF MEINHOLD, Freiberg (Sa.)

In der vorliegenden Arbeit werden die interessanten wirtschaftlichen Ölfunde im Grundgebirge zusammengestellt. Die Akkumulation von Erdöl im Grundgebirge gehorcht den gleichen Gesetzen, die im Sedimentgebirge wirken. Der Unterschied ist nur der, daß das Öl nicht aus einem darunterliegenden Muttergestein stammen kann, sondern von den Seiten oder von oben eingewandert ist. Die Speicher des Grundgebirges sind im allgemeinen dichte Gesteine, die durch Klüfte einen sekundären Porenraum erhalten haben. Als Fallen dienen meist gewölbte Strukturen. Bisher wurden etwa 15 Mill. t Erdöl aus dem Grundgebirge produziert. Bei systematischer Erkundung könnten noch mehr Lagerstätten gefunden werden, da die Zerklüftung von Gesteinen des Grundgebirges eine weitverbreitete Erscheinung ist. Die meisten der Felder sind Mehrspeicherfelder, von denen ein Speicher im Kristallin liegt.

Einzelne Vorkommen

In Venezuela sind La Paz und Mara bekannt. Die Felder produzieren aus einem klüftigen Kreidekalk, der über einer Aufwölbung des Kristallins liegt (Abb. 1).

Bei Aufstellung der Materialbilanz ergab es sich, daß die bekannte Verbreitung der zerklüfteten Kreidekalke nicht ausreicht, um die aus der Gleichung ermittelte Ausdehnung des Vorkommens zu erklären. Die Akkumulation mußte sich ins Kristallin erstrecken. Die Überprüfung dieser Theorie hatte auch Erfolg. Die dritte Bohrung brachte einen initialen Ertrag von 550 t/Tag, eine Nachfolgebohrung sogar 1650 t/Tag. 1955 lieferten beide Felder 11000 t täglich, die kumulative Förderung betrug 4,5 Mill. t. Das Öl im Kristallin und in den Kreidekalken ist von gleicher Beschaffenheit. Eine dichte Zone des Grundgebirges trennt aber beide Speicher voneinander. Die einhüllenden Sedimente sind karbonatische und tonige Gesteine. In ihnen ist der Ursprung des Öls zu suchen.

In Kalifornien sind fünf Felder dieser Art bekannt. Playa del Rey, El Segundo, Santa Maria, Wilmington und Edison. Alle liegen in der Nähe von Los Angeles und stellen „begrabene" kristalline Hügel dar, die aus metamorphen Schiefern vermutlich jurassischen Alters bestehen. Nur in Santa Maria handelt es sich um einen quarzitischen Sandstein. Im späteren Miozän tauchten sie ab. Ihre äußeren Ränder wurden mit einem Transgressionskonglomerat bedeckt, das ein wichtiger Erdölspeicher ist. Darüber lagern dunkelbraune „Knotenschiefer". Schließlich wurden die Strukturen völlig von schwarzen, miozänen Schiefertonen und pliozänen Sanden und Tonen zugedeckt (Abb. 2).

Durch differentielle Setzung entstanden positive Strukturen über den begrabenen Grundgebirgshügeln. Die Sandsteine des Pliozäns bilden ebenfalls wichtige Erdölspeicher. Die Fallen im Grundgebirge sind zerklüftete Zonen in den höchsten Teilen der Hügel. In Santa Maria macht sich außerdem eine Permeabilitätsänderung in den klüftigen Sandsteinen geltend. Die

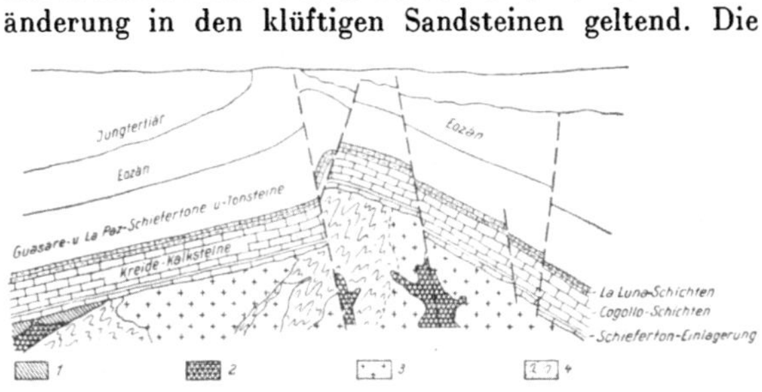

Abb. 1. Profil durch das La-Paz-Feld, Westvenezuela (nach SMITH)
1 – La Quinta (Jura–Trias), 2 – La Quinta–Porphyrite usw., 3 – Granite des Fundaments, 4 – metamorphe Schichten

[1]) Originaltitel: Petroleum resources in Basement rocks. – Bull. Am. Ass. of Petr. Geol., 44, S. 1682–1691, Tulsa 1960.

größte Produktion hatte Wilmington, das bisher 7 Mill. t Erdöl aus dem Grundgebirge geliefert hat. Bemerkenswert ist auch hier, daß alle ölführenden Strukturen von Sedimenten eingehüllt sind, aus ihnen läßt sich die Ölführung ableiten.

Kansas. Alle bekannten Lagerstätten mit einer Produktion aus dem kristallinen Untergrund liegen auf dem Zentralkansasrücken und produzieren aus präkambrischen Quarziten, metamorphen Schiefern, Gneisen und Graniten. Sie befinden sich auf den höchsten Gipfeln begrabener Hügel. Umlagert werden letztere von kambro-ordovizischen und Mississippi-Schichten: groben Sandsteinen und Dolomiten. Diskordant darüber folgen karbonische Serien des Pennsylvan, bestehend aus Kalksteinen und Schiefertonen. Produktives Grundgebirge wird nur dort gefunden, wo das Pennsylvan das Grundgebirge diskordant überlagert. Die Aufwölbung des Rückens begann am Ende des Devons. Präpennsylvanisch wurden die entstandenen Aufwölbungen vielfach erodiert. Es folgten neue Faltungen, die den heutigen Zentralkansasrücken schufen, der nach neuerlicher, teilweiser Erosion von Pennsylvan und schließlich von Perm bedeckt wurde. Unter der Diskordanz des Pennsylvan findet sich Öl auch in den kambro-ordovilzischen Schichten, welche die kristallinen Hügel einhüllen (Abb. 3). Es kommen zwei Quellen für das Öl in Frage: in erster Linie das Pennsylvan, in zweiter Linie die einhüllenden Sedimente.

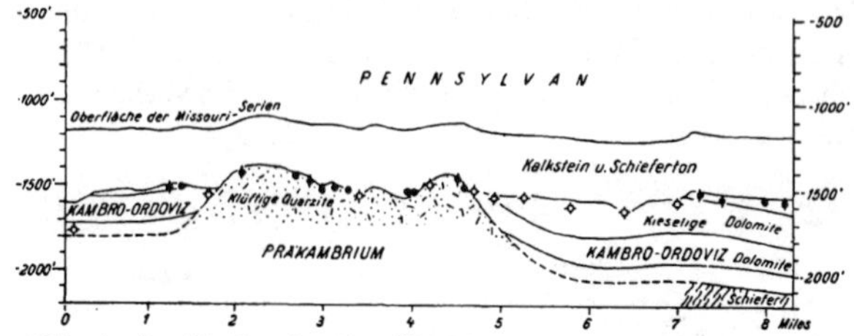

Abb. 3. Profil durch die Ölfelder in Zentralkansas (nach WALTERS)

Es sind nur die Bohrungen und ihre Ergebnisse eingetragen, die das Pennsylvan durchsunken haben. Schwarze Punkte: Ölführung nachgewiesen. 10fach überhöht

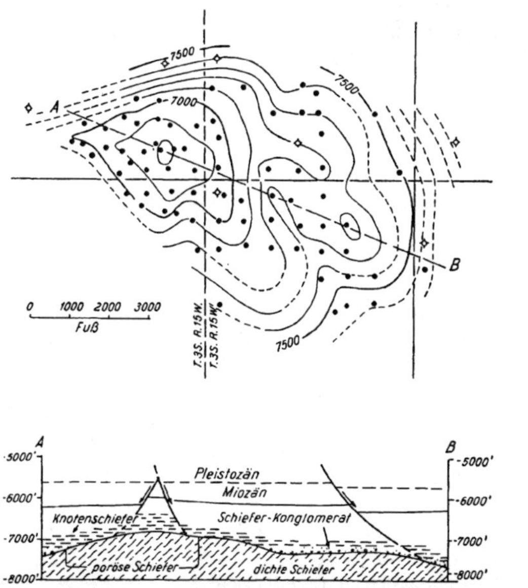

Abb. 2. El-Segundo-Ölfeld, Kalifornien (nach REESE)

Oben: Strukturlinien der Oberfläche der metamorphen Schiefer, in Fuß unter Meeresoberfläche. Unten: Schematisches Profil längs AB. Ölspeicher im Westen poröse metamorphe Schiefer, im Osten deren Konglomerate. Tiefenangaben wie oben

Marokko. In Marokko sind acht derartige Felder bekannt. Das Grundgebirge ist paläozoisch und besteht aus chloritischen Tonschiefern und Quarziten und anderen metamorphen Sedimenten. Ein Feld fördert aus klüftigen Graniten, die anderen aus den paläozoischen, klüftigen Metasedimenten. Die Fangstrukturen sind hochliegende Blöcke am Rande eines mesozoischen Sedimentationsbeckens. Laterale Migration ist auch hier anzunehmen. Bis Ende 1957 wurden 0,53 Mill. t Erdöl gefördert.

Texas-Panhandle. In diesem Gebiet sind Anzeichen vorhanden, daß sich einige der Lagerstätten in dem bekannten „granite-wash" (Konglomerat) bis in den zerklüfteten Granit fortsetzen.

Folgerungen

Das Aufsuchen von Grundgebirgslagerstätten ist eine durchaus ernst zu nehmende Aufgabe, wenn man die geltenden Regeln der Erdölgeologie beachtet, also Migrationsmöglichkeit, Speichermöglichkeit und Fallenbildung. Die Herstellung von Karten der Grundgebirgsoberfläche, aus der man die herausragenden Hügel erkennt, ist eine dazu notwendige Aufgabe.

Zur Vorratsberechnung und Abbauplanung in Feldesteilen mit absetzigen Hartsalzvorkommen[1)]

CHRISTIAN DÖHNER, Bleicherode

Die nach den Richtlinien der ZVK angefertigten Vorratsberechnungen liefern Daten über Qualität und Menge des in den Vorratsblöcken einer Lagerstätte vorhandenen nutzbaren Rohstoffes, die für die volkswirtschaftliche Planung und Lenkung des Bergbaus von grundlegender Bedeutung sind. Für die detaillierte Planung der bergmännischen Gewinnung reichen diese jedoch im allgemeinen nicht aus. Es werden vielmehr möglichst vollständige Angaben über die räumliche Verteilung der Rohstoffqualitäten und -mächtigkeiten innerhalb der einzelnen Abbaublöcke benötigt. Dabei erlangen die Faktoren Verdünnung — durch Mitgewinnung unhaltigen oder geringhaltigen Gesteins — und Anfall schädlicher Komponenten im Rohhaufwerk zunehmende Bedeutung. Dies ist insbesondere dort der Fall, wo die Gewinnungsorte mehr und mehr in Lagerstättenteile größerer Absetzigkeit in fazieller, tektonischer und gehaltlicher Hinsicht verlegt werden müssen, wie dies z. Z. in einigen Gruben des Südharz-Kalireviers geschieht. Hier wachsen die Ansprüche an die Prägnanz, Aussagekraft und Vollständigkeit der geologischen Unterlagen beträchtlich. Diesen Verhältnissen muß durch eine intensivere geologische Bearbeitung der Lagerstätten Rechnung getragen werden.

Im I. Halbjahr 1961 wurden im VEB Kaliwerk „Karl Liebknecht", Bleicherode, eine Reihe von Spezialkartierungen in solchen Blöcken durchgeführt, die sich bereits in einem fortgeschrittenen Abbaustadium

1) Eingang des Manuskripts in der Redaktion: 8. 12. 1961

Abb. 3. Abbau IV/27 nach S, Teil des Weststoßes im Vertaubungsbereich

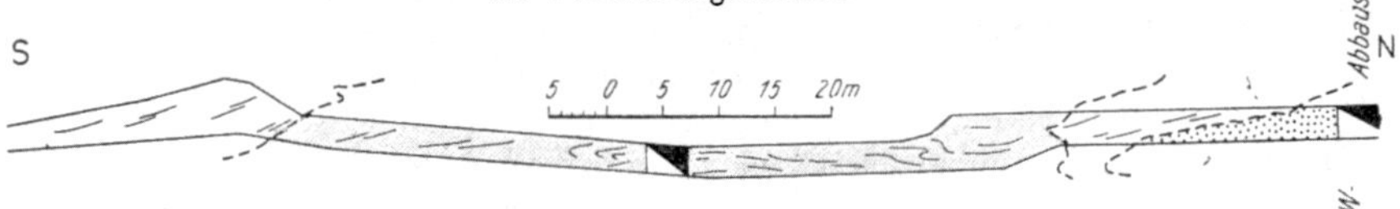

Abb. 4. Abbau IV/24 nach S, Teil des Weststoßes im Vertaubungsbereich

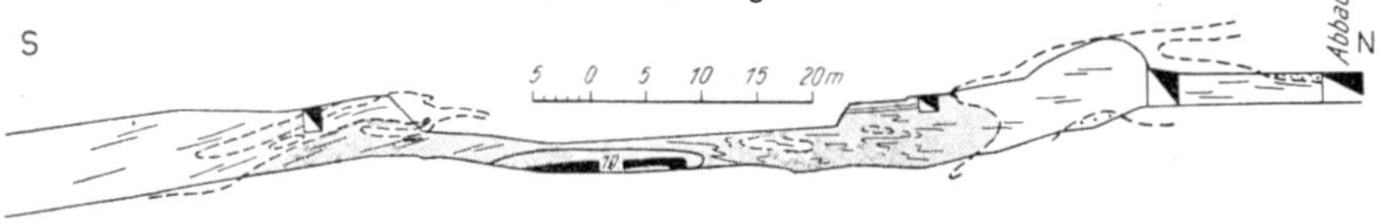

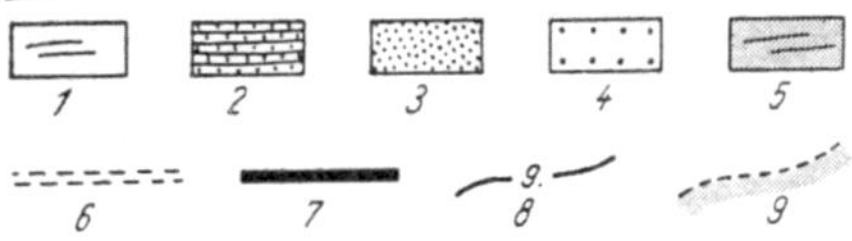

1 — Hartsalz, 2 — geschichteter Carnallit, 3 — Trümmercarnallit, 4 — Hartsalz und Carnallit, 5 — Vertaubung, 6 — Strecke im oberen Hartsalzlager bzw. im Trümmercarnallit, 7 — Strecke, durch Hochbohrungen bemustert, 8 — Unstrutbank, 9 — Vertaubungsgrenze

befanden. Sie sollten zunächst zeigen, inwieweit bei den heute in zunehmendem Maße in Verhieb zu nehmenden Feldesteilen mit mehr oder minder absetziger Hartsalzführung die der Vorratsberechnung zugrunde liegenden Blockumfahrungen gestatten, zuverlässige Rückschlüsse auf die qualitätsmäßige Struktur der einzelnen Abbaublöcke zu ziehen. Dies hat sich in den bearbeiteten Feldesteilen im allgemeinen als nicht möglich erwiesen. Dazu einige Beispiele:

Der Nordwestteil des Grubenfeldes Bleicherode wird von einem ausgedehnten Vertaubungsgebiet eingenommen. In seinem Vorfeld befindet sich ein Hartsalzlager von ca. 5 m Mächtigkeit. Der hier betrachtete Vorrats- und Abbaublock von 300 × 170 m ist nahezu vierseitig umfahren, dreiseitig bemustert, er stellt also einen A-Vorrat dar (Klassifikation 1956 und Instruktion 1960). Die Schichten fallen ziemlich regelmäßig mit 15—25° nach SW ein. Nach dem Aufschlußstand (Streckenkartierung) im IV. Quartal 1959 ergab sich ein wahrscheinlicher Verlauf der Vertaubungsgrenze, wie ihn Abb. 1 zeigt. Das Kalisalzlager wurde nur zweimal über kurze Erstreckung in vertaubter Ausbildung angefahren. Das gestattete in Verbindung mit den Streichwerten der Vertaubungsgrenze die Deutung, daß es sich lediglich um kleine Ausbuchtungen der westlich der Abbaustrecke 32 n. S gelegenen Großvertaubung handelte, die nur randlich etwas in den Abbaublock hineinragten. Abb. 2 gibt dagegen die wirklichen Faziesverhältnisse wieder, wie sie sich nach der mehrfachen Durchörterung der schlauchförmigen Vertaubung im Nordteil des Blockes darboten. Es zeigt sich, daß diese, obwohl teilweise nur wenige Meter von der parallelverlaufenden Abbaustrecke IV n. NW entfernt, weder bei der Bemusterung noch bei der Kartierung derselben durch irgendwelche derzeitig erkennbaren Indizien angedeutet wurde. In ähnlicher Weise erstreckt sich im Süden ein etwas kleinerer Vertaubungsschlauch in den Block hinein. Im betrachteten Abbaublock betrug bis Ende April 1961, dem Abschluß der Kartierung, der Steinsalzanteil des geförderten Rohsalzes trotz schmalen Durchörterns der Vertaubung 14,3%. Bei einem durchschnittlichen K_2O-Gehalt des (hier sehr hochwertigen) anstehenden Hartsalzes von 19,1% bedeutet das eine Verringerung des K_2O-Gehaltes im Fördergut um 3% auf insgesamt ca. 16%. Daraus ist ersichtlich, wie eine falsche Einschätzung der Lagerstättensituation zu unvorhergesehenem Steinsalzanfall und Hartsalzausfall und damit zu betrieblichen Schwierigkeiten führen kann. Das gilt in erhöhtem Maße, wenn eine Vertaubungszone mit mehreren Abbauen gleichzeitig angefahren und durchörtert wird. Vor allem aber wird deutlich, daß unter entsprechenden Verhältnissen, selbst bei verhältnismäßig kleinen Blöcken, Kartierung und Bemusterung der Umfahrungsstrecken allein nicht genügen, um sichere geologische Prognosen über die zu erwartenden Faziesverhältnisse zu stellen.

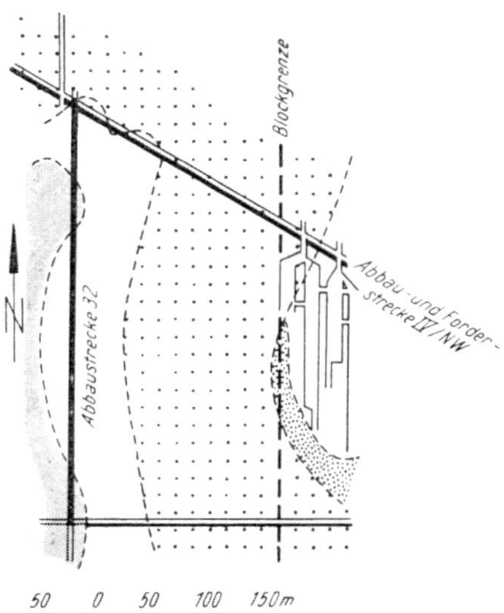

Abb. 1. Vorrats- und Abbaublock an der Strecke IV nach NW (Nordfeld der Grube Bleicherode), Aufschlußstand Ende 1959 und vermutete Salzverteilung im Kalisalzlager Staßfurt

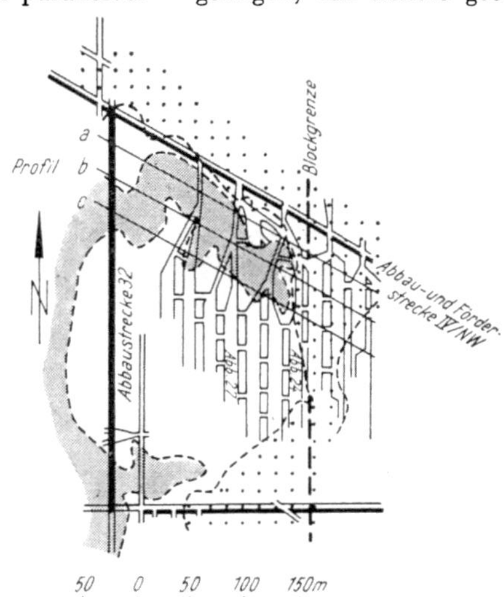

Abb. 2. Der gleiche Block, Aufschlußstand Mitte 1961 und tatsächliche Salzverteilung im Kalisalzlager Staßfurt

Die Abb. 3 und 4 geben die Verhältnisse zweier Abbaue im Bereich des nördlichen Vertaubungsastes, die Abb. 5 einige quer zu den kartierten Abbauen konstruierte Profile wieder (s. Abb. 2).

Im Crajaer Feld, einem Mischsalzfeld im Süden der Grube Bleicherode, lagert ein durchschnittlich 2–2,5 m mächtiges, niedrigprozentiges Hartsalzlager unter Trümmercarnallit, dessen Mächtigkeit sich vorwiegend zwischen 4 und 10 m bewegt. Das Hartsalz besitzt nur in den oberen 35—50 cm einen guten K_2O-Gehalt (um 14,5%). Nach unten hin nimmt seine Qualität fast kontinuierlich ab, um schließlich in Steinsalz überzugehen. Das über dem Carnallit liegende Hartsalz weist zwar hohe K_2O-Prozente (ca. 18,5%), jedoch nur lokal bauwürdige Mächtigkeit auf. Die Größe des umfahrenen Blockes beträgt etwa 300 × 250 m. Bereits die Kartierung der Umfahrungsstrecken ergab, daß im unteren Lager nicht selten lokale Vertaubungszonen auftreten. Sie liegen teils als ± schichtparallele Linsen im Hartsalz, teils steigt die Untergrenze der Sylvinführung nach oben, und das Hartsalz dünnt auf wenige Dezimeter aus. Ihre in den Strecken aufgeschlossene Länge kann bis ca. 30 m betragen (Abb. 6). Eine Regelmäßigkeit in der Anordnung ist nicht festzustellen. Daneben kann sich das Hartsalz durch tektonische Ausdünnung der Schichten auf geringe Mächtigkeit reduzieren. Es ist folglich geologischerseits nicht möglich, sichere Aussagen für eine exakte Abbauplanung zu machen. Bei diesem Erkundungsstand wurde der Abbau dieses Feldesteiles in jüngerer Zeit durch verschiedene betriebliche Umstände intensiviert. Es liegt auf der Hand, daß er mit ständiger Unsicherheit belastet sein mußte. Ein Teil der seither hier aufgefahrenen Baue hatte demzufolge eine ca. 36 m breite Vertaubungszone zu durchfahren, und fast alle wurden vor ausgedünnten Partien der Bauscheibe eingestellt (Abb. 8). Bei dem relativ niedrigen K_2O-Gehalt des Hartsalzes wirkt sich diese unvermeidbare Steinsalzmitgewinnung äußerst nachteilig auf die Rohsalzqualität des ganzen Reviers aus.

Obwohl nur an einzelnen Punkten angeschnitten, zeigt auch das obere Hartsalzlager lokale Vertaubungen (Abb. 7). Die wenigen Aufschlüsse gestatten hier jedoch ebenfalls keine Interpolation.

Das Crajaer Feld, allseitig umfahren, zweiseitig bemustert, im allgemeinen ruhig gelagert, ist als B-Vorrat auszuweisen (Klassifikation 1956 und Instruktion 1960). Die Bemusterungs-Hochbohrungen werden im Kaliwerk „Karl Liebknecht" generell von den liegenden Förderstrecken aus gestoßen, während die im Lagerhorizont fahrenden Abbaustrecken später nachgezogen werden. Dadurch kommt es zu dem ungünstigen Umstand, daß die in die Vorratsberechnung eingehenden Werte nicht in allen Fällen mit den in den Abbaustrecken angetroffenen Verhältnissen übereinstimmen. Im Beispiel Crajaer Feld wirkt sich das so aus, daß die Bemusterung der Strecken (Förderstrecke n. Craja und Maschinenstrecke I) das Hartsalzlager in seinen mächtigsten Partien erfaßte, während die Mächtigkeit nach dem Blockinneren zu rasch abnimmt. Die Differenz wird durch eine gewisse Schrägstellung bzw. tektonische Anstauung im Bereich der bemusterten Strecken noch verstärkt. Ein Vertaubungsfaktor konnte überhaupt nicht ermittelt werden. Bei der geringen Zahl der Hochbohrungen wirken sich ferner einige nach oben abweichende Analysenwerte sehr verfälschend auf den für den ganzen Vorratsblock angenommenen K_2O-Gehalt aus. So werden der bei der Vorratsberechnung vom Stand 1. 1. 1960 zugrunde gelegte K_2O-Gehalt von 13,8% und die errechnete Durchschnittsmächtigkeit von ca. 4,8 m den tatsächlichen Verhältnissen nicht gerecht. Die aus der Kartierung gewonnenen Werte für das untere Hartsalzlager belaufen sich auf 12,6% bzw. 2,5 m. Bei Beachtung des durch Ausdünnen des Hartsalzes und durch Ausschlagen in der Firste mit hereingewonnenen Trümmercarnallitanteils sowie der durch Lokalvertaubungen anfallenden Steinsalzmengen von 22 und 20% des Haufwerkes gelangt man zu einem K_2O-Gehalt der Fördermasse von ca. 9,5% bei 4,3% $MgCl_2$.

Wenn solche ungünstigen Umstände mit ähnlichen, in der Planung nicht genügend berücksichtigten Ver-

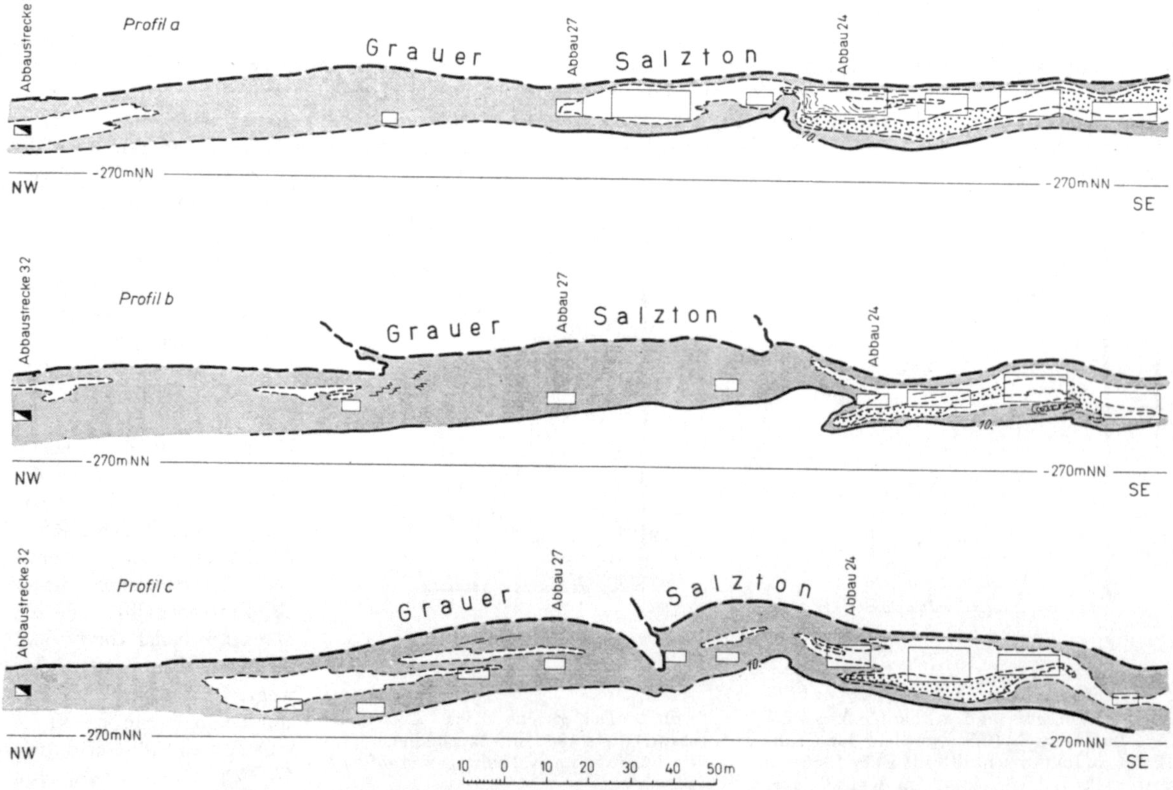

Abb. 5. Nach der Abbaukartierung konstruierte Querprofile a—c (vgl. Abb. 2)

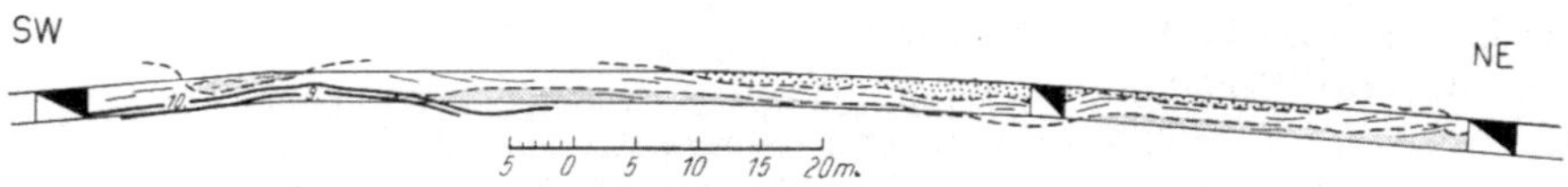

Abb. 6. Weststoß der Abbaustrecke nach Craja (Südfeld der Grube Bleicherode), teilweise Vertaubung des unteren Hartsalzlagers

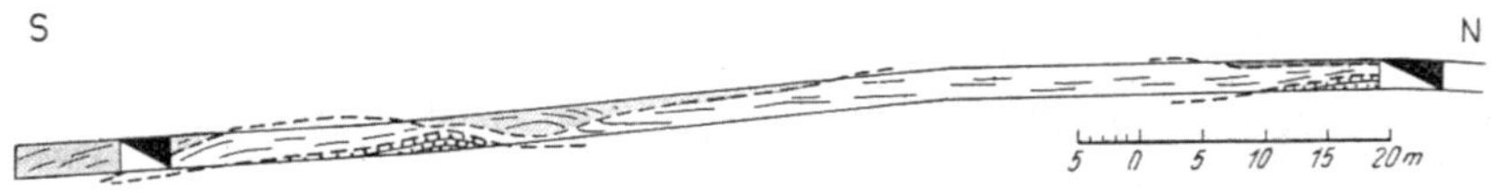

Abb. 7. Weststoß der Abbaustrecke M 27 (Südfeld der Grube Bleicherode), Lokalvertaubung im oberen Hartsalzlager

hältnissen in anderen Feldesteilen zusammentreffen, sind äußerst nachteilige Auswirkungen auf das K_2O-Ausbringen der gesamten Grube unvermeidlich, obwohl die Vorratsberechnung durchaus günstige Mächtigkeits- und Qualitätsverhältnisse für diese Abbaublöcke ausweist.

Außerordentlich verschärft werden die Schwierigkeiten der Lagerstätteneinschätzung durch komplizierte tektonische Verhältnisse, wie sie nicht selten in den neu zum Verhieb kommenden Feldesteilen angetroffen werden.

Der Abbau solcher Lagerstättenteile wird nur dann von Nutzen sein, wenn

1. eine sichere Steuerung durch die Grubenleitung,
2. eine konsequente Einhaltung der Lagergrenzen und
3. Verschnittmöglichkeiten mit höherprozentigen Salzen

gewährleistet sind. Es gehört zu den wichtigsten Zielen der geologischen Lagerstättenbearbeitung, anhand exakter Unterlagen bereits bei der Planung des Abbaus auf solche Verhältnisse hinzuweisen und sie zu berücksichtigen. Eine vollständige, den geologischen Verhältnissen entsprechend enge Bemusterung sollte daher Vorbedingung für die Inangriffnahme eines neuen Abbaufeldes sein. Wie gezeigt werden konnte, genügt zweiseitige Bemusterung nicht, um für den in Abbau zu nehmenden Block entsprechend repräsentative Angaben zu erhalten, sofern man sich nicht in sehr gleichmäßig ausgebildeten Lagerstättenteilen bewegt. Vielfach werden die Streckenabstände auch zu groß sein, um aus der Kartierung der Umfahrungsstrecken Klarheit über den Aufbau des Blockes zu erhalten. In solchen Fällen muß einer der geplanten Abbaue den Block zunächst als Strecke durchfahren, um das Bemusterungs- und Kartierungsnetz verengen zu können, ehe die planmäßige Gewinnung beginnt.

Der Präzision der Bemusterung durch Hochbohrungen sind durch die Intervalle der einzelnen Analysenproben von 100 bzw. 80 cm gewisse Grenzen gesetzt. Bei Hartsalzmächtigkeiten von mehreren Metern ist der Fehler relativ unbedeutend. Jedoch können bei niedrigen Mächtigkeiten bereits wenige Dezimeter über Bauwürdigkeit oder Unbauwürdigkeit eines Lagerstättenteiles entscheiden. Hier ist es ratsam, die Probelänge entsprechend den Gegebenheiten zu halbieren oder zu dritteln. Bei Hackproben ist ähnlich zu verfahren, indem die einzelnen Analysenproben nicht nur an den Grenzen der verschiedenen Salzarten Steinsalz—Hartsalz—Carnallit, sondern auch an augenscheinlichen Qualitätsgrenzen des Hartsalzes abgesetzt und geteilt werden, um zu einer realistischeren Einschätzung der Situation zu gelangen.

Die in quantitativer und qualitativer Hinsicht verbesserte Bemusterung wird es in Verbindung mit der Streckenkartierung den geologischen Bearbeitern der Kaliwerke ermöglichen, in größerem Umfange als bisher auf stratigraphisch definierte Horizonte bezogene Fazieskarten zu erarbeiten, wie dies GRUMBT (1960) und LUETZNER (1959) für das Kaliwerk Volkenroda-Pöthen bereits mit Erfolg durchgeführt haben. Dies wird insofern immer dringlicher, als die bisher üblichen, im wesentlichen auf die Verhältnisse in den Strecken bezogenen Salzverteilungsrisse den komplizierteren geologischen Gegebenheiten vielfach nicht mehr genügen können. Auch Risse mit der voraussichtlichen Mächtigkeit der geplanten Bauscheibe erlangen in einzelnen Feldesteilen Bedeutung, erfordern jedoch ebenfalls eine sehr detaillierte Bemusterung.

Mit der allmählichen Verlagerung der Hartsalzgewinnung in absetzigere und stärker differenzierte Lagerstättenteile wird eine wirksame Kontrolle des Gewinnungsvorganges selbst eine immer dringlichere Notwendigkeit, um bei unvorhergesehenen Störungen rechtzeitig operative Steuerungsmaßnahmen ergreifen zu können. Im VEB Kaliwerk „Karl Liebknecht" wird z. Z. eine Methode der Abbaubemusterung eingeführt, nach der — unabhängig von den Routinebefahrungen durch Geologen und Aufsichtspersonen — an jedem Ge-

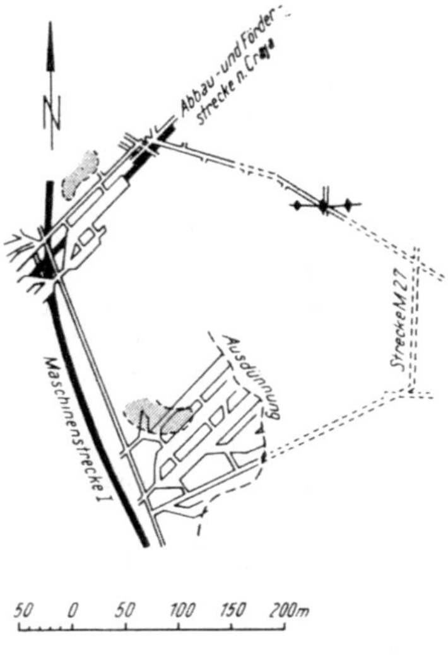

Abb. 8. Crajaer Feld (Südfeld der Grube Bleicherode), Ausbildung des unteren Hartsalzlagers nach dem Aufschlußstand vom August 1961

winnungsort entsprechend den lokalen Verhältnissen durch Hoch- und Tiefbohrungen, Schrägbohrungen am Ortsstoß und Schlitzhacken einmal monatlich Proben zu entnehmen sind. Die Dokumentation der Analysenergebnisse geschieht durch die Revierleiter auf speziellen Formblättern, auf denen außerdem die abgebauten Salzarten in einfacher Weise zeichnerisch dargestellt werden. Diese Formblätter werden bei sämtlichen operativen Maßnahmen die wichtigste Unterlage bilden.

Um die Einhaltung der Lagergrenzen in geringmächtigen Baufeldern zu garantieren, wird es sich erforderlich machen, die Vortriebshöhe von 2,4 m gegebenenfalls zu verringern. Bereits eine Zurücknahme auf 1,9—1,8 m würde gestatten, den K_2O-Gehalt im Förderrohsalz geringmächtiger Feldesteile erheblich zu verbessern und vor allem eine wesentlich elastischere Abbauführung gegenüber Gehalts- und Mächtigkeitsschwankungen absetziger Hartsalzvorkommen zu realisieren. Dies hat allerdings einige technische Vorarbeiten zur Voraussetzung, wie die Konstruktion einer kürzeren Bohrsäule etc. In diesem Zusammenhang sei auf die Ausführungen DUCHROWS (1958) verwiesen, der anhand graphischer Darstellungen sehr anschaulich den K_2O-Gehaltsrückgang im Haufwerk durch Überschreitung der Lagergrenzen verdeutlicht und u. a. ausführlich zum Problem des Abbaus geringmächtiger Lagerstättenteile Stellung nimmt.

So wird es in Zukunft erhöhter gemeinsamer Anstrengungen bedürfen, um das Lagerstättenangebot weiterhin mit optimalem Gewinn für die Volkswirtschaft zu nutzen.

Zusammenfassung

Wie anhand von Beispielen aus dem VEB Kaliwerk „Karl Liebknecht", Bleicherode, gezeigt wird, läßt in den gegenwärtig mehr und mehr zum Abbau gelangenden Hartsalzfeldern mit größerer Absetzigkeit die der Vorratsberechnung zugrunde liegende Streckenbemusterung eine exakte Abbauplanung in der Regel nicht zu. Das erfordert die Vervollständigung und Verengung des Bemusterungsnetzes, verbunden mit verstärkter geologischer Kartierungsarbeit. Daneben erlangt die operative Steuerung des Abbaus anhand einer regelmäßigen Probenahme an den Gewinnungsorten größte Bedeutung.

Резюме

На основе примеров из калийной шахты им. „Карл Либкнехт", Блейхероде, показывается, что опробование штреков, лежащее в основе подсчета запасов, в участках твердой соли с большей прерывистостью, вовлеченных в возрастающей мере в эксплоатацию, не всегда допускает точного планирования разработки. В связи с усиленными геологическими картировочными работами это требует усовершенствования и сгущения сети опробования. Кроме того, оперативное управление разработки на основе регулярного взятия проб на местах выемки приобретает крупнейшее значение.

Summary

Examples from „Karl Liebknecht" potash mine at Bleicherode show that an exact planning of mining is not always admitted for the gallery sampling underlying the reserve calculation of hard salt fields with major shiftiness more and more mined at present. This requires, in connection with increased geological mapping, a completion and restriction of the sampling net. In addition, the operative control of mining by means of a regular sampling of sorts extracted is of major importance.

Literatur

DUCHROW, G.: Möglichkeiten zur Steigerung des K_2O-Gehalts im Fördersalz des Kalibergbaus. — Bergbautechnik, 8, H. 4, S. 195—204, und H. 5, S. 263—276 (1958).

GRUMBT, E.: Untersuchung der Hartsalzvorkommen auf Blatt Schlotheim. — Abschlußbericht der Arbeitsstelle für Praktische Geologie der DAW, Jena, v. 25. 6. 1960.

LUETZNER, H.: Untersuchung der Hartsalzvorkommen auf Blatt Keula. — Abschlußbericht der Arbeitsstelle für Praktische Geologie der DAW, Jena, v. 30. 7. 1959.

Klassifikation der Lagerstättenvorräte fester mineralischer Rohstoffe. — Z. angew. Geol., 2, H. 10, S. 448—450, Berlin 1956.

Instruktion zur Anwendung der „Klassifikation der Lagerstättenvorräte fester mineralogischer Rohstoffe" auf Kali- und Steinsalzlagerstätten der DDR (2. Kali-Instruktion v. 9. 1. 1960) — Z. angew. Geol. 6, H. 7, S. 330—336, Berlin 1960.

Eine Volumenbestimmungsmethode für Erzkörper zwischen nichtparallelen Schichten[1]

I. A. KOLMOGOROW, Moskau

In der Praxis der Vorratsberechnungen von Erzlagerstätten nach Blöcken zwischen nichtparallelen Schnitten wird in großem Maße die Profilmethode angewandt. In den bestehenden Anleitungen wird die Formel von A. S. SOLOTAREW empfohlen. A. P. PROKOFJEW empfahl für die Vorratsberechnung von Seifen nach Blöcken zwischen nichtparallelen Schnitten eine einfachere Bestimmungsmethode.

Bei der Berechnung von Vorräten eines flachlagernden, linsenartigen Erzkörpers einer Eisenerzlagerstätte wandte der Autor eine noch einfachere Methode an. Die in diesem Falle durchgeführten Volumenbestimmungen wichen um nicht mehr als 12% von den nach der Formel von SOLOTAREW ermittelten Werten ab und lagen in allen Fällen den Ergebnissen sehr nahe, die nach der Methode PROKOFJEW erzielt wurden.

Vor der Beschreibung dieser erwähnten, neuen Methode des Autors seien nochmals kurz die Formel von SOLOTAREW und die Methode von PROKOFJEW angeführt.

Die Methode von A. S. SOLOTAREW

1. Bei einem Winkel von weniger als 10° zwischen den Schnitten ergibt sich

$$V = \frac{S_1 + S_2}{2} \cdot \frac{H_1 + H_2}{2}$$

Dabei ist: V — Rauminhalt des Blockes in m³, S_1 und S_2 — Flächeninhalt des Erzkörpers in den Schnitten in m², H_1 und H_2 — Länge der Senkrechten, die sich aus der Projektion der Schwerpunkte der Schnittflächen auf die gegenüberliegende Erkundungslinie ergeben, in m.

2. Bei einem Winkel von mehr als 10° zwischen zwei sich schneidenden Profilen ergibt sich

$$V = \frac{\alpha}{\sin \alpha} \cdot \frac{S_1 + S_2}{2} \cdot \frac{H_1 + H_2}{2}$$

wobei α den Winkel zwischen den beiden sich nähernden Profilen im Bogenmaß darstellt. Die Bedeutung der übrigen Parameter entspricht denen der obigen Formel.

Wie PROKOFJEW (1953) schon richtig nachwies, treten bei der Verwendung der angeführten Formel Schwierigkeiten auf, insbesondere eine Ungenauigkeit bei der Ermittlung von Schnittflächenschwerpunkten der Erzkörper. Die von SOLOTAREW ausgearbeitete graphoanalytische Methode der Koordinatenbestimmung der Schwerpunkte gleichförmiger Flächen über die Summe der statischen Momente ist sehr umfangreich und unbequem.

[1]) Aus: „Raswedka i ochrana nedr", Nr. 6, 1959. — Übers.: S. LÄCHELT

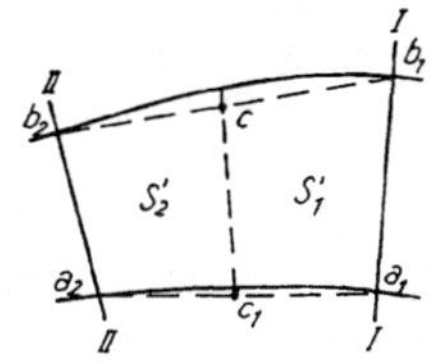

Abb. 1

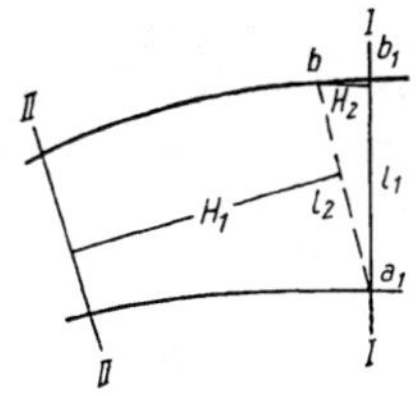

Abb. 2

Die Methode von A. P. PROKOFJEW

Die Methode wird bei Vorratsberechnungen nach Blöcken zwischen nichtparallelen Schnitten (Abb. 1) angewandt. In der rißlichen Grundlage für die Vorratsberechnung wird der Block zwischen den Schnitten I—I und II—II durch eine Hilfslinie in zwei Teile untergliedert. Zu diesem Zweck werden die Begrenzungspunkte a_1 und b_1 im Schnitt I—I durch gerade Hilfslinien mit den Begrenzungspunkten a_2 und b_2 des Schnittes II—II vereint. Jede der beiden Hilfslinien a_1—a_2 und b_1—b_2 wird jeweils gemittelt (in der Zeichnung in den Punkten c_1 u. c_2). Die Linie c_1—c_2 teilt die Fläche des zu berechnenden Blockes in zwei Teile.

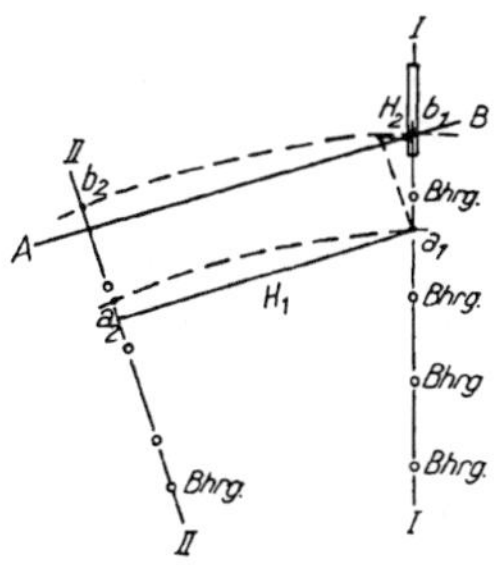

Abb. 3

Bekannt sind die Schnittflächen S_1 und S_2, die den Profilen I—I und II—II entsprechen und auf gewöhnliche Weise berechnet werden können, sowie die Flächen S'_1 und S'_2, auf die sich der Einfluß der Schnitte S_1 und S_2 erstreckt. Man kann also den Rauminhalt für den Teil des Blockes, der an den Schnitt I—I grenzt, nach folgender Formel berechnen:

$$V_1 = S_1 \cdot \frac{S'_1}{l_1}$$

wobei l_1 der Länge der Erkundungslinie I—I (a_1—b_1) entspricht. Der Rauminhalt für den Teil des Blockes, der an den Schnitt II—II grenzt, ergibt sich aus der Formel

$$V_2 = S_2 \cdot \frac{S'_2}{l_2}$$

wobei l_2 der Länge der Erkundungslinie II—II (a_2—b_2) entspricht.

Der Gesamtrauminhalt des zu berechnenden Blockes ist gleich der Summe der Rauminhalte V_1 und V_2.

Die vom Autor angewandte Methode

Die Methode kann bei Rauminhaltsberechnungen von flacheinfallenden, linsenartigen Erzkörpern angewandt werden (Abb. 2). In der rißlichen Grundlage für die Vorratsberechnung wird der Block zwischen den nichtparallelen Schnitten I—I und II—II durch eine Hilfslinie geteilt, und zwar in der Art, daß sie ausgehend vom Punkt a_1 parallel dem Schnitt II—II gezogen wird. Die vertikale Fläche, die durch die Hilfslinie a_1b verläuft, teilt den Berechnungsblock in zwei Teile, deren Volumen getrennt berechnet werden kann. Das Gesamtvolumen entspricht dann der Summe beider.

Das Volumen V_1 des ersten Teiles des Blockes der durch den Schnitt II—II und die Hilfslinie a_1b begrenzt wird, kann mit Hilfe jeder der bekannten Methoden für die Volumenbestimmungen von Blöcken zwischen parallelen Schnitten berechnet werden. Allerdings ist es dazu notwendig, die Fläche des Erzkörpers im Hilfsschnitt durch a_1b zu kennen. Zur Ermittlung des Flächeninhaltes des Hilfsschnittes a_1b verwenden wir das Verhältnis der Breite des Erzkörpers, d. h. der Abschnitte $a_1b:a_1b_1$ und der entsprechenden Flächen $S'_1:S_1$, wo S'_1 die Schnittfläche des Erzkörpers im Hilfsschnitt a_1b und S_1 die Schnittfläche des Erzkörpers im Schnitt I—I sind. Demnach ergibt sich:

$$S'_1:S_1 + a_1b:a_1b_1$$

Also ist

$$S'_1 = S_1 \cdot \frac{a_1b}{a_1b_1} = S_1 \frac{l_2}{l_1}$$

Das Volumen V_2 des zweiten Teiles des Berechnungsblockes, das zwischen dem Hilfsschnitt a_1b und dem Schnitt I—I eingeschlossen ist, wird berechnet nach der Formel

$$V_1 = \frac{1}{2} S_1 \cdot H_2$$

wobei H_2 der Senkrechten vom Punkt b aus auf die Schnittlinie I—I und S_1 der Fläche des Erzkörpers im Schnitt I—I entsprechen.

Die Summe der Volumina V_1 und V_2 ergibt das Gesamtvolumen des Blockes zwischen den nichtparallelen Schnitten.

Für die Volumenbestimmung eines Blockes zwischen zwei nichtparallelen Schnitten nach der beschriebenen Methode benötigt man im Grundriß für die Vorratsberechnung nur die zwei Hilfslinien a_1b und die Senkrechte H_2. Die Länge dieser Linien, der Abstand zwischen den parallelen Schnitten II—II und a_1b, H_2 sowie die ebenfalls bekannten Flächen des Erzkörpers in den erkundeten Schnitten I—I und II—II sind die notwendigen Daten für die Volumenbestimmung des Blockes zwischen den nichtparallelen Schnitten.

Verf. ist der Ansicht, daß die von ihm vorgeschlagene Volumenbestimmungsmethode für Blöcke zwischen nichtparallelen Schnitten nicht nur bei der Berechnung des Rauminhalts von flacheinfallenden Erzkörpern oder Seifen angewandt werden kann. Mit dieser Methode ist es auch möglich, das Volumen von Blöcken steileinfallender, linsenartiger Erzkörper zu berechnen. Speziell in diesem Fall sind die vorgeschlagenen Manipulationen in der Ebene des mittleren Einfallens des Erzkörpers vorzunehmen. Alle Ausgangsdaten für die Hilfsdarstellungen sind aus dem Bohrplan zu ent-

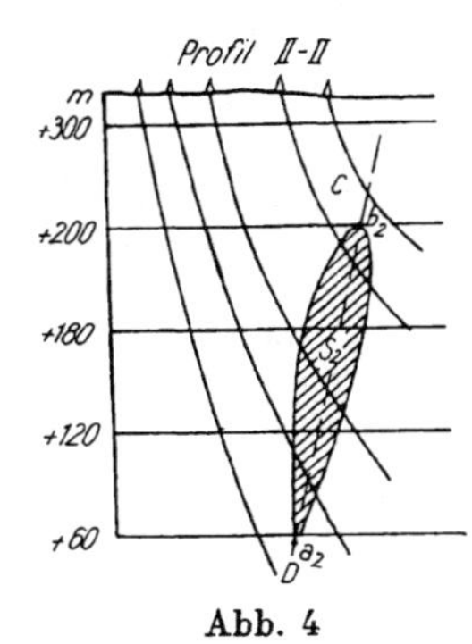

Abb. 4

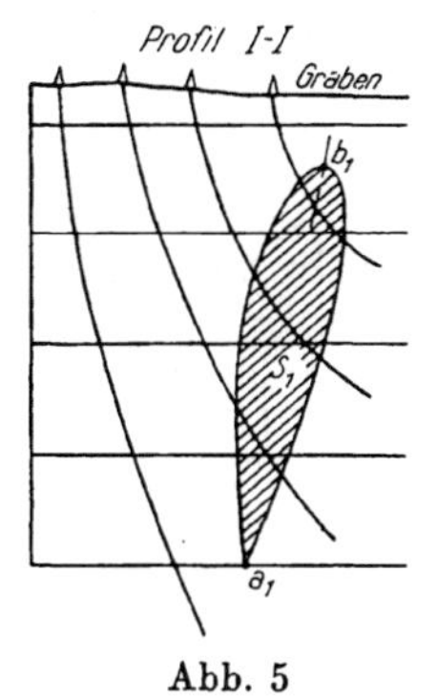

Abb. 5

nehmen (Abb. 3), wobei A—B der Ebene des mittleren Einfallens des Erzkörpers entspricht, die durch den Punkt b_1 und die geologischen Profile (Abb. 4 und 5), die den Berechnungsblock begrenzen und wo der Erzkörper die Linie CD_1 schneidet (Linie des mittleren Einfallens des Erzkörpers), verläuft. In der Ebene des mittleren Einfallens des Erzkörpers (Abb. 6) sind folgende Darstellungen vorzunehmen: Aus Abb. 4 werden die Endpunkte des Erzkörpers (oberer b_2 und unterer a_2) übertragen. Auf dem Bohrplan legt man die Endpunkte des Erzkörpers fest und überträgt auf Abb. 6 vom Schnitt I—I (Abb. 5). Auf Abb. 6 werden deshalb parallel

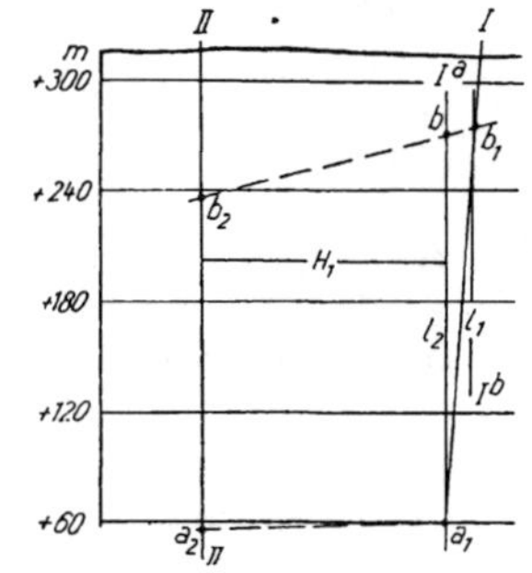

Abb. 6

zum Schnitt II—II zwei Hilfslinien I^a und I^b in einem Abstand (von der Linie II—II) gezogen, der dem der Senkrechten von den Punkten a_1 und b_1 auf die Schnittlinie II—II (Abb. 3) entspricht. Weiterhin befindet sich auf der Hilfslinie I^a im entsprechenden Horizont die Projektion des Punktes a_1 und auf der Hilfslinie I^b die des Punktes b_1.

Die Gerade, die durch die Punkte a_1—b_2 verläuft, stellt die Schnittlinie der Schnittfläche I—I mit der Fläche des mittleren Einfallens des Erzkörpers dar. Die Linien, die durch die Punkte b_1—b_2 und a_1—a_2 verlaufen, entsprechen der Ober- und Untergrenze des Erzkörpers.

Die so erhaltene, zeichnerische Darstellung des Berechnungsblockes (Abb. 6) entspricht der Abb. 2, und die Linie a_1b ist hier ebenfalls eine Hilfslinie, die den Berechnungsblock in zwei Teile untergliedert. Es müssen jetzt nur noch die Volumina dieser beiden Teilblöcke berechnet werden. Die Berechnung geht in diesem Fall wie auch für den weiter oben betrachteten, flachlagernden, linsenförmigen Erzkörper in gleicher Weise vor sich, indem bei der Volumenbestimmung des zweiten Blockes V_2 die Größe H_2 nach der Formel

$$V_2 = \frac{1}{2} S_1 \cdot H_2$$

aus dem Bohrplan entnommen wird (Abb. 3).

Literatur

Prokofjew, A. P.: Praktische Methode der Vorratsberechnung von Erzlagerstätten. — Gosgeolisdat, 1953.

Smirnow, W. I.: Vorratsberechnung von mineralischen Rohstoffen. — Gosgeolisdat, 1950.

Z. Obuchowicz, Z. Olewicz, A. Tokarski, St. Wdowiarz

Das Großpolnische Becken [1]

Referiert von Kurt Kauter, Berlin

Die Tertiärbedeckung Zentral-, West- und Nordpolens kennzeichnet die Erstreckung des Großpolnischen Beckens. Hier lagern postherzynische Gesteinsfolgen bis 8450 m über den tiefliegenden, ausklingenden paläozoischen Faltungen. Der Untergrund wurde im Norden und im Süden erbohrt. Im Süden traf man Karbon, im Norden Devon und Silur an. Im Westen kommt als tiefstes Glied der Beckenfüllung Rotliegendes und Zechstein zutage.

Im mittleren Teil des Beckens haben die Schichten des Zechsteins und der Trias Mächtigkeiten zwischen 1300 und 2000 m. Zechstein und Mittlerer Muschelkalk liegen in Salinarfazies vor. Nach SW, S, SE und E zu tritt mit geringerer Schichtmächtigkeit und abnehmender Salinität litorale Fazies auf.

Über einem „Bunten Rhät" folgt ein 1000 m mächtiger Lias in fluviatil-limnischer Ausbildung. Er enthält 3 Sandsteinfolgen, die durch tonig-kohlige Partien mit marinen Einlagerungen voneinander getrennt sind (unten Pliensbachstufe, oben Toarcien). Darüber liegt Dogger mit 700 m Mächtigkeit. Er enthält 6 Sandsteineinlagerungen mit dazwischenliegenden schluffigtonigen Partien. Sandstein und Tone entstanden unter marinen Bedingungen. Die Fauna weist auf ein Alter von Aalien bis oberes Bathonien. Lias und Dogger keilen zum Rand hin aus. Dort zeigen ihre Schichtfolgen Lükken. Die Callovien-Transgression greift darüber hinweg.

Der Malm vom Callovien bis zum Oberen Kimmeridge ist 700—1100 m mächtig. Kohlige Sedimente im unteren Teil gehen nach oben in mergelig-tonige über. Die Faziesbereiche verlaufen von SE nach NW. Das Obere Kimmeridge mit Bononien und Purbeck bildet einen 300 m mächtigen Sedimentkomplex.

Er beginnt mit schwarzen Tonen des Oberen Kimmeridge, setzt sich fort in den Kalken und Mergeln des Bononien und endet mit Serpulit und Anhydriten des Purbeck.

Im Beckeninneren erreicht die Unterkreide 500 m Mächtigkeit. Die Schichten des Wealden, Valendis und Hauterive liegen konkordant auf Purbeck. Barrême, Apt und Alb, ebenfalls konkordant darüber, sind sandig ausgebildet. Sie leiten ohne Hiatus zu den sandigen oder kalkigen, glaukonitischen Stufen des Cenomans über. An den Beckenrändern allerdings transgredieren Alb und Cenoman auch über ältere Gesteinsfolgen.

Die Oberkreide-Sedimentation beginnt mit Turon und reicht bis ins Montien in einer Wechselfolge von Inoceramenkalken, glaukonitischen Kieselkalken und glaukonitischen Sandsteinen. Die Gesamtmächtigkeit beträgt 1550 m.

Über diesen laramisch gefalteten Schichtkomplexen liegen mit ca. 400 m Schichten des Tertiärs vom Obereozän bis Pliozän und des Diluviums.

Einige dieser Gesteinsschichten führen Bitumen in gewissen Mengen. Andere weisen gute Speichereigenschaften auf, vor allem: der Hauptdolomit des Zechsteins, die Sandsteine des Keupers und die sandigen Partien des Barrêmes, des Apts und des Albs. Das größte Interesse gilt dem Hauptdolomit.

[1] Aus: „Nafta", Nr. 4, S. 99—102, Warszawa 1959

Tektonisch wird das Großpolnische Becken in 4 Zonen mit NW—SE-Streichen untergliedert:
1. die vorsudetische Monoklinalzone,
2. der Muldenzug von Łodz und Szczecin,
3. das kujawisch-pommerische Antiklinorium,
4. das Küstensynklinorium.

Durch Querundulationen und Querdislokationen ist dieser Aufbau unterteilt, durch weitere sekundäre Elemente kompliziert worden. Dadurch kam eine Auflösung der ursprünglichen Großanlage in viele kleine Teilstrukturen zustande.

Die Salinartektonik und der tektonische Bauplan des Subsalinars spielen eine wichtige Rolle. Nach ihren Gesetzmäßigkeiten und Besonderheiten richten sich die Erkundungsarbeiten für Erdöl und Erdgas in diesem Gebiet:
a) weil durch diese tektonischen Vorgänge die unmittelbar dazugehörigen Schichten beeinflußt worden sind und unter Umständen eine Lagerstättenbildung begünstigten,
b) weil auch die später darüber zum Absatz gekommenen Schichten noch beeinflußt sein können.

Die Methodik ist jeweils verschieden:

Im Küstensynklinorium und im Muldenzug geht die Erkundung auf Strukturen in Senkungsgebieten.

In der vorsudetischen Monoklinalzone spielen Strukturen des Hauptdolomits eine entscheidende Rolle.

Nördlich der Strukturen längs des Küstensynklinoriums richten sich die Arbeiten auf das Aufsuchen von faziellen lithologischen Fallen aus.

Nach NE zu steigt der Beckenuntergrund an. Dieses Randgebiet führt nur noch geringmächtiges Mesozoikum. In geringer Teufe wurde der kristalline Untergrund angetroffen, dessen Oberfläche nach W und S sanft untertaucht. Hier findet sich die Fortsetzung des belorussischen kristallinen Massivs, das in der geologischen Geschichte die Rolle einer Tafel spielte, um die sich in verschiedenen Formationen Sedimentationsbecken formiert haben. Die Baltische Mulde trennt dieses Massiv von dem Fennoskandischen Schild, die Poleskaer Mulde vom Wolhynisch—Asowschen Massiv. Beiden Mulden kommt aber nur geringere Bedeutung zu als dem zuvor genannten Großpolnischen Becken.

Im Zentralteil dieses Beckens wird das Fundament bei 10000 m erwartet. Den Anstieg zu den Rändern denkt man sich auf Grund physikalischer Messungen zunächst recht steil bis etwa 2000—3000 m, von da ab aber flacher. Dieser Anstieg, der nach den Ergebnissen der magnetischen Vermessung parallel zur Verbindungslinie der Orte Darłowo, Kwidziń, Warszawa und Lublin verläuft, scheint in bestimmten Abschnitten die Verbreitungsgrenze der meisten paläozoischen Formationen zu sein, die das Großpolnische Becken ausfüllen. In dem Teil jedoch, der der westlichen Fortsetzung der Poleskaer Mulde entspricht, gehen die paläozoischen Formationen über die beschriebene Hauptlinie des Anstiegs weit hinaus und bilden eine Bucht, die als Podlaskaer Mulde bezeichnet wird und sich etwas über die Ostgrenze Polens hinaus erstreckt. Eine ähnliche paläozoische Mulde zeichnet sich auch in der Gegend von Chełm—Lubelski ab.

Bohrungen im Łeba-Gebiet wiesen unter den Sedimenten des salzführenden Perms 609 m Silur (Tone) nach, ohne dessen Liegendes zu erreichen, was darauf hinzuweisen scheint, daß hier die Sedimente des Baltischen und des Großpolnischen Beckens zusammentreffen.

Es kann aus diesen und weiteren Gründen angenommen werden, daß eine Verbindung zwischen dem Großpolnischen und dem Baltischen Becken bestand. Die Erkundungsarbeiten in diesem Gebiet richten ihre besondere Aufmerksamkeit auf diese Möglichkeit, weil in dem nördlich von Polen liegenden Baltischen Becken Öl- und Gasanzeichen in kambrischen und silurischen Schichten angetroffen wurden. Auch Ablagerungen des Beckensüdrandes kommen im polnischen Territorium noch vor. In diesen Distrikten kann ebenfalls in kambrosilurischen Schichten mit dem Vorkommen von Speichergesteinen gerechnet werden. Das Interesse an der Untersuchung dieser Randzonen ist um so größer, als hier auch günstige Strukturen zu erwarten sind.

Ein anderer heute interessierender Abschnitt der Abdachung des kristallinen Massivs ist die paläozoische Podlaskaer Mulde. In ihrer Verbindungszone mit dem Hauptbecken wurden durch Bohrungen bei Siedlce Erdölanzeichen in den Quarziten des Kambriums festgestellt. Zudem haben seismische Messungen Aufwölbungen in bestimmten Teilen des Muldenbereiches erkennen lassen. In diesem Podlaskaer Muldenteil kommen neben den paläozoischen Gesteinen auch solche des Präkambriums für eine Erdölführung unter Umständen in Betracht.

Schichten des Karbons in den Zonen der Abdachung des Kristallins zu untersuchen, ist wegen der Denudationsvorgänge aussichtslos. Erst südwestlich der Podlaskaer Mulde können solche mit Permüberdeckung angetroffen werden.

Die permischen Sedimente führen hier Anzeichen von Bitumen, das an Salzaufwölbungen geknüpft zu sein scheint. Auch der liegende weiße Sandstein in der Podlaskaer Mulde kann als Speicher in Betracht gezogen werden. Entlang der Abdachung des Kristallins, zum Beckenrand hin, keilt er aus. Hier kann man eine Erkundung auf Faziesfallen ansetzen. In der Verbindungszone der beiden permischen Becken, des Baltischen mit dem Großpolnischen, tritt allerdings Konglomerat mit ungünstigen Speichereigenschaften an seine Stelle.

Auch die mesozoischen Sedimente der Trias, des Juras und der Kreide folgen nach der beschriebenen großräumigen Anlage auf Grund des Abtauchens des kristallinen Untergrundes nach Westen. Die Probleme der Erkundungsarbeiten in diesem Bereich liegen auf einer ähnlichen Basis wie im östlichen Polen, doch mit dem Unterschied, daß hier die Schichten nicht verfaltet sind. Antiklinalen und auskeilenden Schichten gilt die besondere Aufmerksamkeit. Keuper und Jura verlangen wegen ihrer sandigen Einlagerungen die meiste Beachtung. Auch besteht die Möglichkeit von Erdgas- und Erdölakkumulationen in denjenigen Schichten der Kreide, die nach N und E in sandige Mergel übergehen und schließlich auskeilen. Seismische Profile, die die Küstenzone des Beckens queren, wiesen in den Schichten des Mesozoikums Buchten und Terrassen nach, die ausgedehnte, für die Akkumulation günstige Strukturformen bilden.

Im Bereich der Podlaskaer Mulde werden die Sucharbeiten auf Erdöllagerstätten im Kambrium konzentriert, bei Warmia und Gdańsk und südlich von Łeba und Darłowo auf die Erdölführung des Kambriums, des Silurs, Perms und Mesozoikums, insbesondere des Juras. Die im tieferen Teil des Beckens nachgewiesenen Anzeichen von Erdöl im Astart und von Gas in den Sandsteinen des Keupers regen zu weiteren Sucharbeiten in den erwähnten Zonen an, die mit der Abdachung des Kristallins im Zusammenhang stehen.

Zur Erhöhung des Wirkungsgrades geologischer Erkundungsarbeiten[1]

W. M. WOLKOW & I. T. SACHAROW, Moskau

Im Erzaltai werden Gebiete mit einer höffigen Polymetallvererzung aus vulkanogen-sedimentärem Mitteldevon und Unterkarbon abgebaut. Es wird stellenweise von einem durchschnittlich 50—70 m mächtigen, känozoischen Deckgebirge aus Lockerbildungen überlagert. Schlechte Aufschlußverhältnisse erschweren die Untersuchungsarbeiten. Nur durch den Einsatz transportabler Bohrgeräte gelang es, großmaßstäbliche, schematische geologische Karten höffiger Erzfelder (Beresowsko-Beloussowskoje, Orlowskoje und Kamyschensko-Nikolajewskoje) zusammenzustellen und neue Polymetall-Lagerstätten aufzufinden (Irtysch, Nowoberesowskoje, Tischinskoje u. a.).

In den letzten sechs bis sieben Jahren sind mit Hilfe von Kartierungsbohrungen viele höffige Gebiete des Erzaltais, die früher der Untersuchung nur schwer zugänglich waren, eingehend untersucht worden. In Abhängigkeit vom geologischen Aufbau wurden für verschiedene Bezirke bestimmte Methoden der Durchführung detaillierter Such- und Kartierungsarbeiten entwickelt. So teufte man z. B. in der Irtysch- und der Nordost-Faltungszone mit polymetallischer Vererzung Bohrungen in einem Netz von 800 × 100 m und — sofern es erforderlich war — von 800 × 50 m bis 400 × 25 m ab. Ein solches Netz fand hauptsächlich bei der Kartierung von Bezirken Anwendung, in denen die Schichten steil einfielen und Vererzungszonen auf größere Entfernung hin verfolgt werden konnten.

In flachgefalteten Gebieten begann die Arbeit mit einem Bohrnetz von 800 × 400 m, das in den vorwiegend aus vulkanischem Mitteldevon und Frasne aufgebauten, besonders höffigen Bereichen auf 400 × 200 m und 200 × 50 m verdichtet wurde.

Nach den Kartierungsbohrungen, manchmal auch gleichzeitig mit ihnen, lief ein Programm für tiefe Suchstrukturbohrungen in Profilanordnung, gewöhnlich senkrecht zum Streichen der wichtigsten geologischen Strukturen. Diese Bohrungen dienten im wesentlichen der genaueren Abgrenzung der Strukturen. Nur in der Lagerstätte Beloussowskoje wurden damit die neuen Erzlager von Glubotschansk aufgefunden.

Beim Ansetzen solcher tiefer Suchstrukturbohrungen entstehen bei der Festlegung der Bohrprofile Schwierigkeiten, besonders im Bereich neuer Felder, die bisher nur durch Kartierungsbohrungen untersucht worden waren. Das erklärt sich aus dem Umstand, daß es häufig schwer ist, durch Kartierungsbohrungen die Lagerungselemente der Gesteine zu ermitteln und Zonen hydrothermaler Metamorphose (an steil einfallende, tektonische Störungen gebunden) aufzufinden sowie den Charakter des Kontaktes lithologisch verschiedener Gesteinspakete, Horizonte und Intrusionen mit ihren Nebengesteinen zu klären.

Allein nach den Ergebnissen von Kartierungsbohrungen kann noch keine Einschätzung der primären Dispersionshöfe und der geophysikalischen Anomalien gegeben werden. Sie lassen sich nicht für das Aufsuchen von Erzkörpern in bekannten Vererzungszonen verwenden, die unter das Lockergestein bis in die Oxydationszone abtauchen. Auch gelingt es nicht, mit Kartierungsbohrungen die Lage erzkontrollierender Brüche zu bestimmen und andere wichtige Einzelheiten zu veranschaulichen.

Die kostspieligen Strukturbohrungen konnten die gestellten Aufgaben ebenfalls nicht voll erfüllen. Daher wurden beim Übergang vom Kartierungsbohren zu tiefen Strukturbohrungen Suchstrukturbohrungen mit einer mittleren Teufe von 150—170 m angewandt.

Mit diesen relativ flachen Suchstrukturbohrungen lassen sich die Lagerungselemente der Gesteine genauer ermitteln. Außerdem vermitteln sie eine genauere Vorstellung vom Charakter der Mineralisierung und der hydrothermalen Prozesse in Bruchzonen. Die Lagerstätte Krasnojarsk wurde mit derartigen Bohrungen entdeckt.

Die bei flachen Suchstrukturbohrungen gewonnenen Daten gestatten es, die Ansatzpunkte für Tiefbohrungen (500—800 m) anzugeben, deren Anzahl auf diese Weise wesentlich herabgesetzt werden konnte.

Suchstrukturbohrungen für geringere Tiefen werden gewöhnlich auf den Profilen der Kartierungsbohrungen niedergebracht. Es sind an Anzahl im Profil etwa drei- bis viermal weniger Kartierungsbohrungen.

Die Anlagen SIF—300, seltener KAM—500, finden hierbei Verwendung, nachdem sie in leichtere Bohrtürme einmontiert und transportabel gemacht worden sind. Die Bohrungen werden gewöhnlich schräg und ohne Verrohrung niedergebracht.

Solche flachen Suchstrukturbohrungen werden relativ wenig angewandt. Das erklärt sich durch die schwierige Durchführung der Bohrarbeiten besonders im Winter sowie durch die beträchtlichen Kosten. Auch der Mangel an Selbstfahrgeräten für Schrägbohrungen steht einer breiten Anwendung entgegen.

Aus dem Dargelegten lassen sich folgende Schlüsse ziehen:

1. Eine allgemeine Anwendung flacher Suchstrukturbohrungen beseitigt die Schwierigkeiten, die beim unmittelbaren Übergang von Kartierungsbohrungen zu tiefen Suchstrukturbohrungen entstehen. Der Nutzeffekt in höffigen Gebieten, die früher nur mit vertikalen Kartierungsbohrungen untersucht wurden, wird erhöht.

2. Die Verwendung der Geräte SBU und URB mit Masten zum Schrägbohren ermöglicht die schnellere Vorbereitung eines Feldes für die Erkundung tiefliegender Lagerstätten. Bei der Ausrüstung der geologischen Erkundungsorganisationen mit mehreren Geräten dieser Art entfällt die Notwendigkeit vorbereitender Kartierungsbohrungen mit den üblichen Selbstfahrgeräten, so daß dadurch erhebliche Mittel eingespart werden können.

3. Mit diesen eingesparten Mitteln kann der Umfang der flachen Suchstrukturbohrungen vergrößert werden. Von einer Erkundungsgruppe im Erzaltai wurden in bekannten Erzfeldern mit dieser Methode bereits zwei Polymetall-Lagerstätten entdeckt.

[1]) Aus: „Raswedka i ochrana nedr“, Nr. 10, S. 41—42, Moskau 1960. — Übers. H.-J. TESCHKE

Der neue zweikreisige Geologenkompaß des VEB Freiberger Präzisionsmechanik

GERHARD SCHUMANN, Freiberg (Sa.)

In seinem Beitrag „Vorschlag zur Modernisierung des Geologenkompasses" (Heft 12/60 dieser Zeitschrift) stellt E. BEYER fest, daß trotz der bedeutenden Weiterentwicklung der geologischen Feldausrüstung der Geologenkompaß auch heute noch einen sehr wichtigen und nützlichen Ausrüstungsgegenstand für den im Gelände arbeitenden Geologen darstellt. Aus den Ausführungen BEYERs geht nicht ausreichend hervor, daß seine Kritik einem Gerät gilt, welches bereits durch ein neues und modernes Gerät abgelöst worden ist, das in Fachkreisen allgemeine Anerkennung gefunden hat.

Der Geologenkompaß 59 wurde nach Anregungen des Geologischen Instituts der Martin-Luther-Universität Halle (Prof. Dr. GALLWITZ) entwickelt, dem der von E. CLAR (1954) entwickelte zweikreisige Geologenkompaß als Vorbild diente. Seine Anwendung wurde durch SCHWAB (1958) beschrieben, wobei ein abgeändertes Muster des alten Geologenkompasses als Grundlage diente. Dieser Aufsatz bildete die Basis für einen überbetrieblichen Verbesserungsvorschlag von SCHWAB und für die daraus hervorgehende Neuentwicklung des Geologenkompasses.

Weitere konstruktive Einzelheiten und die äußere Form der Ausführung ergab die Konstruktion im VEB Freiberger Präzisionsmechanik in enger Zusammenarbeit mit dem Geologischen Institut der Bergakademie Freiberg (Prof. Dr. WATZNAUER).

Im Gegensatz zur Arbeitsweise mit bisherigen Geologenkompassen älterer Bauart gestattet das neue Gerät, Fallen und Richtung des Fallens in einem Arbeitsgang zu messen.

Für die praktische Messung bietet der Kompaß außer der bereits aufgeführten Verbindung zweier bisher getrennter Arbeitsgänge noch weitere Vorteile.

Die Dauerarretierung des Magnetsystems wird nur während der Messung durch Fingerdruck unterbrochen und gestattet das Ablesen des Teilkreises in beliebiger Lage. Die Schwingdauer des Magnetsystems läßt sich durch Abfangen der Schwingbewegung mit dem Arretierknopf leicht auf ein Minimum verringern. Eine seitlich angeordnete Röhrenlibelle gestattet die Messung auch an schwierig zu erreichenden Meßstellen bei verdeckter Kreisablesung.

Eine Deklinationseinstellung ermöglicht im Bereich von $\pm$ 30° korrigierte Richtungsangaben für praktisch

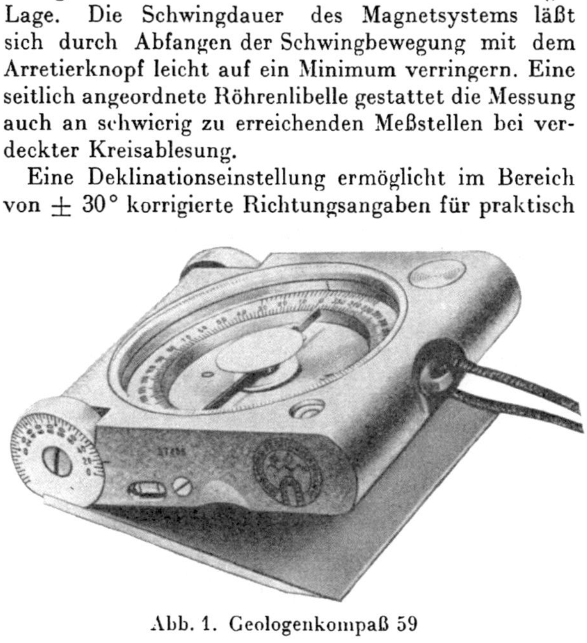

Abb. 1. Geologenkompaß 59

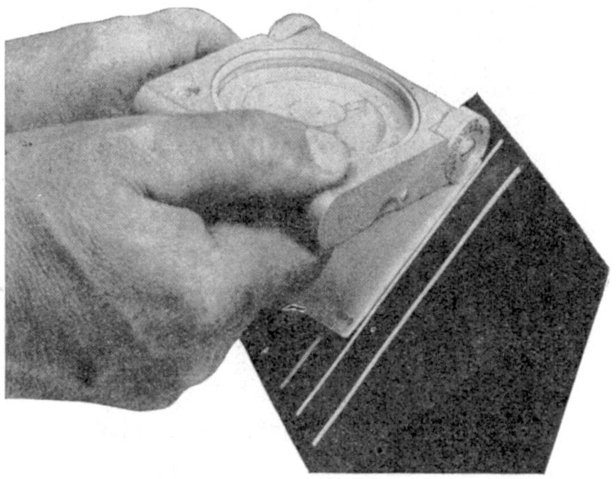

Abb. 2. Einmessung linearer tektonischer Daten

jedes Gebiet der Erde. Die Deklination wird in einfachster Weise von der Gehäuseunterseite aus eingestellt.

Infolge beiderseitiger Oberflächenbehandlung der Fallmeßplatte können auf dieser mit Bleistift Meßwerte, Notizen usw. aufgeschrieben und mit Radiergummi beliebig oft wieder gelöscht werden.

Im Feldgebrauch läßt sich das Gerät mit Hilfe einer Perlonschnur, die eine einstellbare Halteschlaufe besitzt, zuverlässig gegen Sturz sichern (Festlegen am Handgelenk). Das ist besonders bei Messungen in Steinbrüchen, hohen und steilen Geländeaufschlüssen und dergleichen vorteilhaft.

Abb. 1 stellt die Gesamtansicht des Kompasses, Abb. 2 seine Handhabung zur Messung des Fallens und der Fallrichtung linearer tektonischer Daten dar. Weitere Anwendungsmöglichkeiten können aus dem Beitrag von SCHWAB (1958) und den Abbildungen desselben entnommen werden.

Nach vorliegendem Gutachten des Geologischen Instituts der Bergakademie Freiberg werden die genannten Vorteile besonders bei tektonischen Routinemessungen spürbar, bei denen möglichst rasches und sicheres Arbeiten verlangt wird. Bei Reihenmessungen sind gegenüber älteren Modellen Leistungssteigerungen um 25% möglich. Im geringen Gewicht, den kleinen Abmessungen, der geschlossenen Form, der Schreibplatte, der hellen Eloxierung — die einen Verlust durch Liegenlassen oder Verlieren im Gelände nach Möglichkeit ausschließt — liegen weitere Vorzüge.

Technische Daten des Geologenkompasses 59:

Horizontalkreisdurchmesser	45 mm
Teilungseinheit	2° (2ᵍ)
Höhenkreisdurchmesser	22 mm
Teilungseinheit	5° (5ᵍ)
Kippbereich der Fallmeßplatte	225°
Deklinationseinstellung	$\pm$ 30°
Dosenlibelle	ca. 40'/2 mm
Röhrenlibelle	ca. 60'/2 mm
Abmessungen	82 × 75 × 23 mm
Masse	225 g
Verpackung	Ledertasche

Ein kleines Zusatzgerät, das einfache topographische Einmessungen ermöglicht und den Kompaß für

Routenaufnahmen geeignet machen wird, befindet sich in Vorbereitung. Es wird von der bisher an Kompassen verwendeten Visiereinrichtung insofern abweichen, als es unabhängig von der Akkomodationsfähigkeit des beobachtenden Auges sein und Zielungen beliebiger Neigung berg- und talwärts gestatten wird.

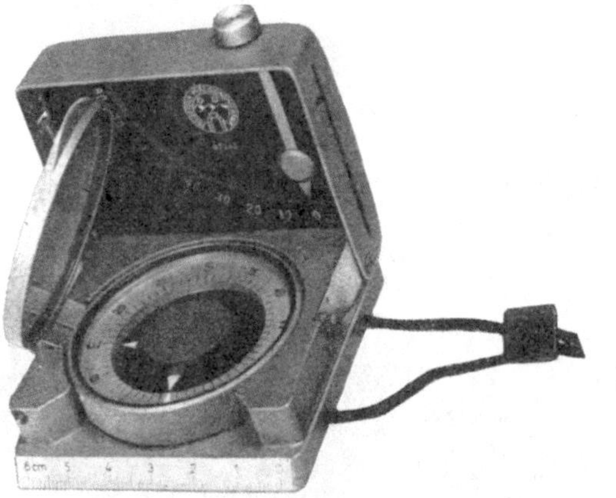

Abb. 3. Universalkompaß (System BÉZARD)

Zur Zeit steht für topographische Einmessungen dieser Art der Universalkompaß (System BÉZARD) zur Verfügung (Abb. 3). Er unterscheidet sich von einem Handkompaß (Marschkompaß) üblicher Bauart dadurch, daß mit seiner Visiereinrichtung stark geneigte Zielungen (bis zu $\pm 30°$) ohne Genauigkeitsverlust durchgeführt werden können. Ein im Deckel untergebrachter Pendelneigungsmesser gestattet, Geländeneigungen von 0° bis $\pm 90°$ mit einer Genauigkeit von etwa $\pm 1°$ zu messen. Durch eine Wirbelstromdämpfung ist die Schwingungsdauer des Magnetsystems auf etwa ein Viertel bis ein Fünftel der sonst notwendigen Zeit verkürzt worden. Die Deklination ist innerhalb eines Bereiches von $\pm 30°$ einstellbar, so daß der Kompaß auch unter vollkommen verschiedenen magnetischen Verhältnissen korrigierte Richtungsangaben liefert. Eine einstellbare Halteschlaufe gestattet sicheres und bequemes Halten und Zielen auch unter schwierigen Verhältnissen (Festlegen am Handgelenk bei Messungen in Steinbrüchen, hohen und steilen Geländeaufschlüssen u. dgl.).

Technische Daten des Universalkompasses:

Kompaß	Teilkreisdurchmesser	36 mm
	Teilungsintervall	100^- (5°, 5^g)
	Zielgenauigkeit	$\pm 25^-$ (1°, 1^g)
	Kippbereich für Richtungsmessung	$\pm$ 30°
Neigungsmesser	Teilungsintervall	25^- (2°, 2^g)
	Meßgenauigkeit	$\pm 1°$ (1^g)
	Meßbereich	$\pm 90°$ (100^g)
Abmessungen		65 × 70 × 28 mm
Masse		180 g
Verpackung		Ledertasche

Verständlicherweise ist es nicht möglich, in einem Gerät, mit dem geologische Spezialaufgaben gelöst werden sollen, alle Forderungen zu verwirklichen, die in dem von BEYER zitierten Aufsatz von HAUFE (1959) aufgestellt worden sind. Man würde damit die Reihe der Geräte vermehren, die wegen allzu weit getriebener Universalität schließlich für keinen Anwendungszweck mehr recht geeignet sind.

Die von HAUFE aufgestellten Forderungen sind für die Aufgaben des Orientierungssports als voll berechtigt anzuerkennen, müssen jedoch im wesentlichen der Konstruktion eines modernen Sportkompasses vorbehalten bleiben.

Literatur

BEYER, E.: Vorschlag zur Modernisierung des Geologenkompasses. – Z. angew. Geol., 6, H. 12, S. 626–627 (1960).
CLAR, E.: Ein zweikreisiger Geologen- und Bergmannskompaß zur Messung von Flächen und Linearen. – Verh. Geol. Bundesanstalt Wien, Jg. 1954, H. 4, S. 6–7 (1954).
HAUFE, E.: Sportkompaß wird verlangt. – Z. Skisport u. Touristik, 3, H. 14, S. 6–7 (1954).
SCHWAB, M.: Zur Anwendung eines zweikreisigen Geologenkompasses bei tektonischen Aufnahmen. – Z. angew. Geol., 4, H. 1, S. 37–38 (1958).

Zu Fragen geologischer Terminologie und Klassifikation (I) Der Begriff Formation[1]

(Mitteilung aus dem Zentralen Geologischen Institut, Berlin)

DIETRICH FRANKE, Berlin

Festgelegte Definitionen und einheitliche Begriffe haben in der wissenschaftlichen Arbeit große Bedeutung. In der Gegenwart ist dies um so mehr der Fall, als die Wissenschaftler, insbesondere die der sozialistischen Länder, neue Formen der internationalen Zusammenarbeit pflegen. Um diese Zusammenarbeit, die u. a. in der Durchführung gemeinsamer Forschungsprogramme und in der gemeinsamen Herausgabe der Ergebnisse in Form von Karten und Veröffentlichungen besteht, zu erleichtern, muß man sich mit einigen Grundbegriffen und ihrer verschiedenen Bedeutung in den einzelnen Ländern befassen. Besonders zu Fragen der stratigraphischen Klassifikation und Terminologie wurden in einigen Ländern (UdSSR, USA, Frankreich u. a.) in der letzten Zeit Diskussionen geführt und z. T. für die Länder verbindliche Festlegungen und Definitionen getroffen. In einer Reihe von Staaten arbeiten seit langem „Nationale Stratigraphische Komitees". Ihre Arbeiten finden auch in den Materialien und Empfehlungen der Stratigraphischen Kommission des Internationalen Geologenkongresses ihren Niederschlag.

Es ist mit Bedauern festzustellen, daß diese in einzelnen Ländern und auf internationalen Gremien durchgeführten Arbeiten in der deutschen geologischen Literatur nur in wenigen Fällen ihre Anwendung fanden. Daraus resultiert auch, daß einige heute noch in der deutschen Fachsprache gebräuchliche Ausdrücke dem in vielen Ländern üblichen Gebrauch und auch den Festlegungen der Internationalen Geologenkongresse widersprechen.

In Anbetracht dieser Umstände ist es notwendig, daß sich Mitarbeiter des Zentralen Geologischen Instituts eingehender mit solchen Fragen beschäftigen. Die Arbeit von D. FRANKE stellt einen ersten Beitrag in dieser Richtung dar.

G. DÖRNFELD, H. KÖLBEL

Einleitung

„Jede Wissenschaft hat unbedingt ein vollkommenes Recht, eigene, nur auf den Umfang ihrer selbst berechnete Begriffe unter eigenthümlichen Namen festzustellen, ohne darnach zu fragen, ob diese Namen etymologisch genommen vom Grammatiker getadelt werden könnten oder in anderen Wissenschaften schon anderen Begriffen unterlegt worden sind" (G. G. PUSCH 1826).

Nach diesem Prinzip verfuhr man auch in der Geologie. Ursprünglich auf alte Bergmannsausdrücke zurückgreifend, wurden mit der weiteren Entwicklung und Spezialisierung der geologischen Wissenschaft für neue Begriffskomplexe neue Namen geprägt, die, obgleich sie selbst oft nur wenig über den Umfang und den Inhalt des Begriffes aussagen, zu einem festen Bestandteil im geologischen Sprachgebrauch geworden sind. In einigen Fällen veränderten sich jedoch im Laufe der Zeit die einzelnen Merkmale der Begriffe in solchem Maße, daß sie einen neuen, von ihrem ursprünglichen mehr oder weniger stark abweichenden Inhalt erhielten bzw. heute so unterschiedlich definiert werden, daß

[1]) Eingang des Manuskripts in der Redaktion: 27. 11. 1961

sie nicht mehr einen eindeutigen Begriffsinhalt vermitteln und damit ihren eigentlichen Zweck verlieren. Im folgenden soll ein derartiger Bedeutungswandel am Beispiel des geologischen Ausdrucks ,,Formation" beschrieben sowie der in verschiedenen Ländern völlig unterschiedliche Gebrauch dieses Wortes und die sich daraus für uns ergebenden Schlußfolgerungen aufgezeigt werden.

Der Begriff „Formation" in der deutschen geologischen Literatur

„Bey einer naturhistorischen Benennung eines natürlichen Körpers, deren bestimmter und richtiger Gebrauch ungewiß geworden ist, ist es nöthig, den Ursprung des Wortes und den ihm zu erst untergelegten Begriff aufzusuchen, um so eine Benennung zu ihrem ersten richtigen Gebrauche wieder zurück zu bringen, oder doch ihren ferneren Gebrauch gehörig und zweckmäßig zu bestimmmen" (A. G. WERNER 1794).

Die Suche nach dem Ursprung des Begriffes ,,Formation" schien keine Schwierigkeiten zu bereiten, wird doch in jedem neueren geologischen Lehrbuch, das sich etwas eingehender mit der ,,Formationskunde" befaßt, G. CHR. FÜCHSEL als derjenige angeführt, der diesen Ausdruck in seiner ,,Historia terrae et maris" (Erfurt 1761) zum erstenmal gebraucht haben soll. Die Durchsicht sowohl dieser als auch der zwölf Jahre später von ihm erschienenen Schrift über den ,,Entwurf zu der ältesten Erd- und Menschengeschichte" (Leipzig 1773) ergab jedoch, daß hier lediglich von ,,series montanae" und ,,Gebirgen", nicht aber von ,,Formationen" die Rede ist (vgl. auch O. H. SCHINDEWOLF 1960).

Höchstwahrscheinlich muß man K. A. v. ZITTEL dafür verantwortlich machen, daß heute immer wieder G. CHR. FÜCHSEL die Prägung dieses Begriffes zugeschrieben wird, da er in seiner ,,Geschichte der Geologie und Paläontologie bis Ende des 19. Jahrhunderts" (Leipzig 1899) dessen ,,series montana" freiweg mit ,,Formation" übersetzte und dieses Wort auch in den folgenden Ausführungen im Zusammenhang mit der ,,Historia terrae et maris" erwähnte. Vor dem Erscheinen von ZITTELs Werk sind Verf. keine, nach 1899 aber zahlreiche Autoren bekannt, die G. CHR. FÜCHSEL als den Begründer des Ausdrucks ,,Formation" bezeichnen. Tatsache ist jedoch, daß dieses Wort, soweit sich das heute noch überblicken läßt, zu Lebzeiten FÜCHSELs (gest. 1773) in der geologischen Literatur noch nicht auftauchte, sondern erst in den neunziger Jahren des 18. Jahrhunderts zu einem, wenn auch nicht exakt definierten, so doch oft gebrauchten Begriff wurde.

Verf. fand ihn nach eingehendem Literaturstudium erstmals bei A. G. WERNER, der ihn 1791 in seiner ,,Neuen Theorie von der Entstehung der Gänge" — nachdem er noch 1788 von Formation lediglich im Sinne der eigentlichen Bedeutung dieses Wortes sprach (,,Dieser Basalt, Wacke, Thon und Sand sind alle von einer Formazion, sind alle durch nassen Niederschlag aus einer und derselben Wasserbedeckung dieser Gegend entstanden.") — zur Vermittlung eines bestimmten Begriffsinhalts gebrauchte. Alle der Bildungsart und dem Mineralgehalt nach einheitlichen Gänge faßte er in diesem Werk zu einer Formation (z. B. Bleiglanz-, Flußspat-, Schwerspat-Formation usw.) zusammen.

Mit ganz ähnlichem Inhalt wurde dieser Begriff wenig später (A. v. HUMBOLDT 1792, K. F. BÖHMER 1794, A. G. WERNER 1794 u. a.) auch auf die ,,Gebirgsarten" übertragen, indem man sämtliche Gesteine gleicher petrographischer Beschaffenheit[2]) als ,,Formationen" (z. B. Tonschiefer-, Grauwacken-, Sandstein-Formation usw.) bezeichnete.

Einen zeitlichen Inhalt erhielten sie wahrscheinlich erstmals durch die in A. W. KÖHLERs Bergmännischem Journal von 1792 erschienene Übersetzung von D. DE DOLOMIEUS ,,Bemerkungen über die gemischten Steinarten und über die Gebirgsarten", da hier die von dem Italiener G. ARDUINO 1759 eingeführten stratigraphischen Begriffe ,,Montes primarii, secundarii et tertiarii" im deutschen Text mit ,,erste, zweite und dritte Formation" wiedergegeben wurden.

Der Ausdruck ,,Formation" entwickelte sich also schon früh, kaum daß er geprägt war und Eingang in die geologische Literatur gefunden hatte, zu einem recht umfangreichen und dementsprechend inhaltsarmen Begriff. Bereits 1798 wies J. L. HEIM in seiner ,,Geologischen Beschreibung des Thüringer Waldgebürgs" bzw. 1803 J. BRUNNER im ,,Handbuch der Gebirgskunde für angehende Geognosten" auf die verschiedenen Bedeutungen dieses Wortes hin. J. L. HEIM verstand unter einer Formation

„eine gewisse Anzahl von Lagern, deren Gestein zwar oryctognostisch voneinander verschieden ist, welche aber doch ... noch so viele Aehnlichkeit und Verwandtschaft haben, daß sie als ein eignes unter sich verbundenes Ganzes zusammengenommen werden können. Eine Formation nenne ich einen solchen Haufen zusammengehöriger Lager, blos in Hinsicht auf die allgemeine Grundform, nach welcher sich ihre Bildung richtet, mit gänzlicher Ausschließung alles Begriffs von Zeit und relativem Alter, der zuweilen bei diesem Wort hinzugedacht zu werden pflegt."

Auch F. MOHS (1805), H. STEFFENS (1810), F. REICHETZER (1812), K. F. RICHTER (1818) u. a. bezeichneten eine ,,Gebirgsformation" als

„eine bestimmte Zusammenordnung gleichartiger und ungleichartiger Gesteinsmassen, welche durch äußere oder innere Verhältnisse als ein selbständiges Ganzes, d. i. als eine Einheit in der Reihe der Gebirgserzeugnisse charakterisiert ist, und sich durch die, von der Bildung abhängigen, Umstände erkennbar macht" (F. MOHS 1805).

Im Gegensatz dazu machte CHR. KEFERSTEIN in seinem Aufsatz ,,Teutschland, geognostisch und geologisch dargestellt" (Weimar 1821) — nachdem schon 1811 CHR. F. JASCHE gefordert hatte, daß

„bei der näheren Bestimmung der Gebirgsformationen auf die Entstehungszeit gesehen und mithin das Alter der Gebirge ausgemittelt werden" muß —

darauf aufmerksam, daß bei der Ausscheidung und Abgrenzung der einzelnen Formationen weniger die Art und Weise der Entstehung als vielmehr das durch Lagerung und Fossilbestand bestimmte relative Alter der Gesteine herangezogen werden sollte:

„Bei Fixierung der Formationen hat mich besonders das relative Alter der Gesteinsmassen, das heißt, wie sie, der Regel nach, übereinander liegen, geleitet."

Er sprach die Vermutung aus, daß

„in der Folge gewiß die Versteinerungskunde, wenn sie erst noch weiter ausgebildet ist, einen wichtigen Fingerzeig für die Formationen geben" wird.

Man gelangte also

„zu der Erkenntnis, daß eine bestimmte Gesteinsart in verschiedenen Horizonten wiederkehren kann und daß demnach die petrographischen Merkmale nicht genügen, um das relative Alter der Gebilde zu bestimmen" (E. REYER 1888).

Mit der allmählichen Herausbildung einer echten, auf biostratigraphischen Methoden fußenden Stratigraphie wurde die ursprünglich nur Ablagerungen eines bestimmten faziellen[3]) Typs kennzeichnende Formation zu einem chronologischen Begriff. Die durch diese Begriffswandlung entstandenen Unterschiede in der Definition und im Gebrauch dieses Wortes erkannte bereits A. v. HUMBOLDT. In einer im Jahre 1823 erschienenen Arbeit stellte er fest, daß man

„mit dem Ausdruck Formation ... in geognostischer Beziehung eine gedoppelte Bedeutung" verbindet. „Einmal wird darunter die Bildungsart eines Gebirgs-Systems verstanden: sodann ein System mineralischer Massen, welche auf solche Weise untereinander verbunden sich zeigen, daß man sie alle als gleichzeitig entstanden achten darf." Er betrachtete als „das wesentlichste Merkmal einer Einerleiheit einer unabhängigen Formation ihre Lagerungs-Beziehung, die Stelle, welche sie einnimmt in der allgemeinen Reihe der Gebilde",

gab der ,,Formation" also auch einen zeitlichen Inhalt, d. h. erhob sie ebenfalls zu einem stratigraphischen Begriff. A. v. HUMBOLDT wußte natürlich, daß die innerhalb einer bestimmten Zeitperiode gebildeten Gesteine nicht überall die gleiche petrographische Ausbildung aufweisen, wie es zum Teil von den älteren Geognosten noch angenommen wurde:

„Indem man die Formationen mehr oder minder entfernter Lande vergleicht ... muß man nicht darauf bestehen, jedem Gestein eine parallele Felsart gegenüber stellen zu wollen."

Er führte aus diesem Grunde für die petrographisch anders beschaffenen, jedoch zur gleichen Zeit gebildeten Gesteinskomplexe den Ausdruck ,,parallele Formationen" ein. Diese

„parallelen Formationen sind geognostische Äquivalente; es sind Felsarten, die einander gegenseitig vertreten."

Obwohl A. v. HUMBOLDT darauf hinwies,

„daß, wenn man auch nicht stets erwarten darf, in jeder verschiedenen Formation andere Ueberbleibsel der Lebewelt zu finden, dennoch am häufigsten die, nach ihren Lagerungsbeziehungen und nach ihrem mineralogischen Bestand, als gleichartig erkennbaren Formationen nicht sehr entfernter Gegenden der Weltfeste Vereine von fossilen Gattungen enthalten, die einander vollkommen ähnlich sind",

[2]) Die Begriffe „Lithologie", „Petrographie" und „Lithogenese" werden im Sinne der logischen Definition L. B. RUCHINs (1958) gebraucht.

[3]) Unter „Fazies" wird hier ein paläogeographischer, auf die Bildungsbedingungen der Gesteine hinweisender Begriff verstanden. In einem der nächsten Hefte der „Z. angew. Geol." soll auch dieser Ausdruck eingehend behandelt werden.

wandte er sich doch gegen die Versuche A. BRONGNIARTS (1821), W. D. CONYBEARES & W. PHILLIPS (1822) u. a., die Einteilung und Abgrenzung der Formationen lediglich auf der Grundlage paläontologischer Kriterien vorzunehmen, d. h. die geologische Chronologie nicht nur auf dem, wie es die WERNERsche Schule tat, petrographischen Wechsel und der Lagerung der Gesteine, sondern, worauf schon W. SMITH hinwies, auf deren unterschiedlichem Fossilinhalt aufzubauen.

Den Vorstellungen A. v. HUMBOLDTS schloß sich unter anderen auch G. G. PUSCH weitgehend an. In seiner Abhandlung ,,Ueber den Begriff Gebirgs-Formazion und den bisher so schwankenden Gebrauch dieses Ausdruckes in der Geognosie" (Frankfurt/M. 1826) beschrieb er drei verschiedene Anwendungen dieses Begriffes:

Einmal bezeichnet Formation „die Bildungsart eines Gebirgsgesteins" [z. B. neptunische, vulkanische Formationen usw. – in diesem Sinne gebrauchte S. BREISLAK (1819) das Wort Formation, das hier gewissermaßen einen Vorläufer des 1838 von GRESSLY geprägten Begriffes Fazies darstellt], zum anderen „die Gebirgsarten oder Felsarten selbst, in bezug auf ihre mineralogische Aehnlichkeit oder Gleichheit" und drittens „die Zusammenordnung mehrerer mineralischer Massen in ein System, ihrer Lagerung, oder ihrer gemeinschaftlichen Bildung nach".

G. G. PUSCH schlug vor, zur Bezeichnung der Bildungsart der Gesteine Wörter wie Bildung, Entstehung, Entwicklung usw.,

„für gleiche und ähnliche Felsarten aus verschiedenen Bildungsperioden den Ausdruck Familie zu wählen", das Wort „Formation" aber soll „nur den Begriff gleichzeitiger Bildungen bezeichnen, nicht aber den Begriff gleichartiger Massen, von denen wir weder gleichartige noch gleichzeitige Bildung nachzuweisen im Stande sind".

Diese Gleichzeitigkeit der Bildung spielte in Deutschland bei der Ausscheidung und Abgrenzung der Formationen auch in der Folgezeit die ausschlaggebende Rolle. So definierte z. B. C. F. NAUMANN (1862) die Formation als den

„Inbegriff sehr ausgedehnter oder auch sehr zahlreich vorherrschender Gebirgsglieder, welche ein selbständiges Ganzes bilden und sich durch ihre petrographischen und paläontologischen Eigenschaften, durch ihre Struktur und Lagerungsfolge als gleichzeitige Produkte gleichartiger Bildungsprozesse zu erkennen geben".

Mit der raschen Entwicklung der Paläontologie wurden deshalb aus den ursprünglich meist auf rein petrographischer und lithogenetischer Grundlage ausgeschiedenen Formationen zeitlich, d. h. im allgemeinen biostratigraphisch mehr oder weniger genau definierte und gegeneinander abgegrenzte Einheiten. Man bezeichnete aus diesem Grund, um nur ein Beispiel anzuführen, die früher nach ihrem Gesteinscharakter, ihren Bildungsbedingungen und dem Bildungsraum als selbständige Formationen ausgeschiedenen Ablagerungen der sächsischen ,,Quadersandsteinformation" oder der ,,Gosauformation" der Alpen als zur ,,Kreideformation" gehörig, eben weil sie Fossilien enthalten, die erstmals aus den Kreidekalken Norddeutschlands, Frankreichs und Englands beschrieben wurden.

„Man bezeichnet demzufolge die Trennungsfläche, welche zwei verschiedene Gruppen mit Petrefacten auf weite Distanzen hin konstant scheidet, als Formationsgrenzen, den Inbegriff dessen aber, was zwischen zwei benachbarten Formationsgrenzen eingeschlossen ist, als geologische Formation" (F. R. v. HAUER 1875).

Auch H. CREDNER und viele andere namhafte deutsche Geologen verstanden unter einer ,,Formation" den

„Inbegriff einer Anzahl von Schichten, welche sich dadurch als ein zusammengehöriges Ganzes darstellen, daß ihr paläontologischer Charakter, d. h. der Gesamtcharakter der in ihnen eingeschlossenen organischen Reste durch die ganze Mächtigkeit des betreffenden Schichtkomplexes hindurch im wesentlichen derselbe bleibt" (H. CREDNER 1878).

„Die Formationen sind also die einzelnen Etagen der mächtigen Schichtenreihen, aus welchen die äußere Erdkruste vorwiegend besteht – Etagen, welche nach oben und unten durch die Entwicklung neu erscheinender und das Aussterben bislang lebender organischer Formen ausgezeichnet sind" (H. CREDNER 1878).

Das Wort Formation wurde auf diese Art und Weise in Deutschland mehr und mehr zu einem abstrakten Zeitbegriff der relativen geologischen Chronologie. Es gab nur wenige Geologen, die sich gegen eine derartige Begriffsentstellung wandten. Einer von ihnen war B. v. COTTA, der 1866 darauf hinwies,

„daß sich zu allen Zeiten in verschiedenen Erdgegenden ungleiche Formationen (nebeneinander) abgelagert haben, so daß wir daher den Ausdruck Formation nicht mehr gleichbedeutend mit Ablagerungszeit brauchen dürfen. Man mag die einzelnen Ablagerungszeiten nach der zuerst, oder am besten und vollständigsten bekannten Formationsreihe benennen, aber man sollte nicht von einer Juraformation, Muschelkalkformation, Zechsteinformation oder Permformation in Ländern sprechen, wo diese als solche gar nicht existieren, sondern an ihrer Stelle nur gleichaltrige Ablagerungen anderer Art."

Da das Wort Formation nicht der einzige geologische Begriff war, der im Laufe der Zeit eine Sinnveränderung erfuhr bzw. in verschiedenen Ländern unterschiedlich gebraucht wurde (bei den Engländern CH. LYELL 1857, A. GEIKIE 1886 u. a. stellt die ,,Formation" eine stratigraphische Einheit 3. Ordnung, d. h. eine Abteilung bzw. Serie, dar, z. B. ,,Unterkreideformation", der Franzose C. PREVOST gebrauchte 1837 den gleichen Ausdruck im Sinne von Fazies, das, was in Deutschland unter einer ,,Formation" verstanden wurde, bezeichnete man in Frankreich als ,,terrain" usw.), kam man auf dem I. Internationalen Geologenkongreß 1878 in Paris überein, eine Internationale Kommission für die Vereinheitlichung der geologischen Nomenklatur zu schaffen. Diese Kommission beschloß auf dem II. Kongreß in Bologna (1881), daß ,,die mineralischen Massen vom Gesichtspunkte ihres Ursprungs oder ihrer Bildungsweise her Formationen sind". Man stellte fest, daß das ,,Wort Formation den Gedanken des Ursprungs und nicht den der Zeit in sich trägt" und daher nicht als Synonym des Begriffs System, der für die Bezeichnung der stratigraphischen Unterteilungen 2. Ordnung (Trias, Jura, Kreide usw.) festgelegt wurde, gebraucht werden darf. Entsprechend diesem internationalen Beschluß durfte man also nicht mehr von Trias-, Jura- oder Kreideformation, sondern nur noch von den Systemen der Trias, des Jura, der Kreide usw. sprechen.

Obwohl die Formulierung des Beschlusses der ,,Commission internationale de classification stratigraphique" eindeutig und unmißverständlich war, wurde er in Deutschland, von einigen wenigen Ausnahmen abgesehen (H. HAAS 1906, P. WAGNER 1917, C. DIENER 1925 u. a.), nicht respektiert. Bis zum heutigen Tag spricht man (P. KUKUK 1955, F. LOTZE 1955, S. v. BUBNOFF 1956, R. BRINKMANN 1959 u. a.) bei uns von Formationen im Sinne des nahezu in allen Ländern zur Bezeichnung stratigraphischer Einheiten 2. Ordnung verwendeten Begriffes ,,System".

Das ursprünglich, dem damaligen Stand der Wissenschaft entsprechend, petrographisch bzw. lithogenetisch zusammengehörige Gesteinskomplexe bezeichnende Wort ,,Formation" erfuhr also in Deutschland mit der Entwicklung der Paläontologie und der damit im engsten Zusammenhang stehenden Vervollkommnung der Stratigraphie einen Bedeutungswandel in der Hinsicht, daß es heute lediglich als ein Begriff zur Bezeichnung der während einer geologischen Periode[4]) gebildeten Gesteine, oft sogar nur als der geochronologische Zeitbegriff selbst, gebraucht wird. Diese Anwendungsart unterscheidet sich kraß von derjenigen der amerikanischen, sowjetischen, englischen u. a. Geologen.

Der Begriff „Formation" in der amerikanischen geologischen Literatur

In den USA unterteilt man die Stratigraphie im wesentlichen in eine Lithostratigraphie, eine Biostratigraphie und eine Chronostratigraphie. Jede dieser drei Richtungen der stratigraphischen Forschung besitzt eine ihr eigene Klassifikation und Terminologie. Während die chronostratigraphischen Begriffe den international allgemein üblichen ,,eigentlichen" stratigraphischen Begriffen wenigstens zum Teil noch entsprechen, werden in der biostratigraphischen und in der lithostratigraphischen Klassifikation Termini verwandt, die bei uns und auch in anderen Ländern entweder als Begriffe überhaupt nicht existieren oder eine völlig andere Bedeutung besitzen. Einer dieser verschieden gebrauchten Ausdrücke ist der Begriff ,,formation".

Die Amerikaner verstehen darunter im allgemeinen einen durch Homogenität in der petrographischen Beschaffenheit ausgezeichneten Komplex von Gesteinsschichten. Man trennt deshalb Sandstein- von Kalksteinformationen und diese wieder von Schieferformationen usw. Oft werden aber auch zwei verschiedene oder sogar mehrere, gewöhnlich miteinander wechsellagernde, petrographisch unterschiedliche Gesteinstypen zu einer ,,formation" zusammengefaßt. Derartig heterogen zusammengesetzte ,,formations" unterschei-

[4]) Die Periode ist das geochronologische Äquivalent der stratigraphischen Einheit 2. Ordnung (System).

den sich wiederum von den mehr homogenen darüber und darunter.

Wichtig ist lediglich, daß die spezifischen Besonderheiten, auf Grund derer die „formations" ausgeschieden und abgegrenzt wurden, die gleichen bleiben.

Diese „Leitmerkmale" sind neben besonders häufig auftretenden oder (und) besonders charakteristischen petrographischen Merkmalen die strukturellen und texturellen Eigenschaften der Gesteine, ihr Schwermineral- oder Spurenelementgehalt, der Fossilbestand, Schichtlücken, Refraktions- und Reflexionshorizonte, bei magmatischen Gesteinen die Verbreitung und Form des Vorkommens, bei metamorphen der Metamorphosegrad u. a. m. Wechseln diese spezifischen Eigenschaften, werden sie durch andere ersetzt, so werden auch neue „formations" ausgeschieden. Die Größe, d. h. die vertikale und horizontale Ausdehnung einer solchen, hängt deshalb von der vertikalen und horizontalen Verbreitung der entscheidenden physikalisch-petrographischen u. a. Merkmale ab. Es ist deshalb ganz selbstverständlich, daß sowohl die laterale Erstreckung als auch die Mächtigkeiten der einzelnen „formations" sehr verschieden sind.

Bei Gesteinskomplexen, die mehr oder weniger heterogen zusammengesetzt sind und nicht mit Hilfe von petrographischen oder anderen typischen Merkmalen unterschieden werden können, bilden geringmächtige charakteristische Gesteinslagen wie Tuff-, Konglomerat- oder Verkieselungshorizonte — sog. key-beds — die Trennlinie zwischen den einzelnen „formations".

In denjenigen Fällen jedoch, in denen in der Vertikalen oder (und) in der Horizontalen ein allmählicher Übergang des einen Schichttypus in den anderen erfolgt bzw. die einzelnen Gesteinslagen derart stark miteinander verzahnt sind, daß eine scharfe Grenzziehung unmöglich ist, werden die „formations" mehr oder weniger willkürlich voneinander getrennt.

Das Ziel der lithostratigraphischen Klassifikation besteht in den USA hauptsächlich in der Ausscheidung und Abgrenzung unterschiedlicher Gesteinskomplexe. Der Zeitfaktor spielt im allgemeinen keine Rolle. Aus diesem Grund können durch die einzelnen „formations", gleich, ob es sich nun um sedimentäre, magmatische oder metamorphe Gesteinskomplexe handelt, einmal relativ kurze, zum anderen aber auch sehr lange geologische Zeiträume vertreten sein. Die Bildungszeit einer „formation" erstreckt sich deshalb oft über mehrere Epochen (geochronologisches Äquivalent der Abteilung bzw. Serie), ja, sogar über mehrere Perioden hinweg.

Eine lithostratigraphische Einheit (im amerikanischen Sinne) kann also mehrere biostratigraphische Einheiten (in unserem Sinne) und unter gegebenen Umständen auch umgekehrt eine biostratigraphische mehrere lithostratigraphische Einheiten umfassen. Darüber hinaus ist es nur von ganz untergeordneter Bedeutung, ob die Zeitgrenzen mit den Grenzen der „formations" zusammenfallen oder nicht (Abb. 1), woraus sich wiederum ergibt, daß verschiedene „formations" gleiches Alter oder gleiche „formations" in verschiedenen Gegenden unterschiedliches Alter besitzen können! Die für die relative geologische Chronologie ausschlaggebenden biostratigraphischen Einheiten (in unserem Sinne) werden deshalb von den lithostratigraphischen Einheiten (im amerikanischen Sinne) in der Regel unter kleineren und größeren Winkeln gekreuzt. Der Grad der Abweichung der Zeitgrenzen von denen der „formations" kann dabei sehr verschieden sein. Nur selten sind beide annähernd gleich, wie z. B. dann, wenn die Änderung der Sedimentationsbedingungen, die sich heute in einem Wechsel des lithologischen Charakters der abgelagerten Gesteine zu erkennen gibt, ein Neueinsetzen oder Aussterben leitender Faunen- oder Florengemeinschaften zur Folge hatte, d. h., wenn sich der Wechsel in der Gesteinsbeschaffenheit auch in einem Wechsel des Fossilinhalts widerspiegelt, oder aber, wenn der Fossilbestand so reichlich war, daß er gesteinsbildend wirkte und dadurch eine biostratigraphische gleichzeitig als petrographische Einheit ausgeschieden werden konnte.

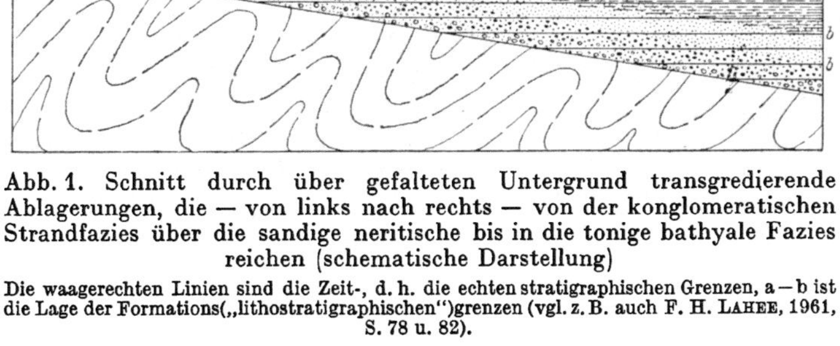

Abb. 1. Schnitt durch über gefalteten Untergrund transgredierende Ablagerungen, die — von links nach rechts — von der konglomeratischen Strandfazies über die sandige neritische bis in die tonige bathyale Fazies reichen (schematische Darstellung)

Die waagerechten Linien sind die Zeit-, d. h. die echten stratigraphischen Grenzen, a—b ist die Lage der Formations(„lithostratigraphischen")grenzen (vgl. z. B. auch F. H. LAHEE, 1961, S. 78 u. 82).

Die lithostratigraphische Forschung in Nordamerika steckt sich also nicht das Ziel, ausschließlich die zeitliche Aufeinanderfolge beispielsweise fossilleerer, mit Hilfe von biostratigraphischen Methoden nicht zu gliedernder Gesteinsschichten zu ermitteln, sondern will in der Hauptsache petrographisch verschiedene Einheiten sowohl in vertikaler als auch in horizontaler Richtung gegeneinander abgrenzen. Diese petrographisch einheitlichen oder durch ganz spezifische Merkmale charakterisierten Gesteinskomplexe bilden die Grundlage bei der Kartierung, bei den Arbeiten im Bohrfeld, bei ingenieurgeologischen Aufnahmen u. a. m., sie tragen also in erster Linie den Bedürfnissen der Praxis Rechnung.

Dargestellt werden die „formations" auf geologischen Karten und den dazugehörigen geologischen Schnitten. Kartierbarkeit und Darstellungsmöglichkeit sind deshalb wichtige Voraussetzungen für die Ausscheidung dieser Einheiten. Es ist natürlich unmöglich, die Grenzen jedes petrographischen Wechsels auf der Karte abzubilden. Darum gehen in den USA die Bestrebungen dahin, Gesteinseinheiten, die nicht mehr im Maßstab 1:24000 dargestellt werden können, nicht mehr als „formations" zu bezeichnen.

Ausgehend von den im Gelände objektiv erkennbaren Kriterien, naturgemäß in der Regel die petrographische Beschaffenheit des Gesteins, kartieren die amerikanischen Geologen „formations" aus. Mehrere dieser „formations" vereinigen sie, insofern sie lithogenetisch zusammengehören, zu „groups" (Gruppen), oder sie untergliedern eine „formation" in mehrere „members" (Schichtglieder) bzw. in die diesen rangordnungsmäßig etwa gleichen „lentils" (Linsen) oder „tongues" (Zungen). Die kleinsten lithostratigraphischen Einheiten, meist nur auf Spezialkarten dargestellt, sind die „beds" (Schichten).

Die einzelnen Zeitabschnitte werden auf der geologischen Karte durch verschiedene Farben und Symbole wiedergegeben. Über diese Farbmuster werden, rastermäßig verschieden, die Zeichen der speziellen Gesteinstypen gedruckt. Dem großen Buchstaben des „Systems" (oder einer anderen „chronostratigraphischen" Einheit) wird dabei in den meisten Fällen der kleine Anfangsbuchstabe der betreffenden „formation" (oder anderen Gesteinseinheit) hinzugefügt. So wird z. B. das Ordovizium auf der geologischen Karte (1:500000) von Illinois (J. M. WELLER 1945) in eine Prairie du Chien-Formation (Symbol Op), eine St.-Peter-Sandsteinformation (Symbol Os), eine mittelordovizische Dolomit- und Galena-Kalksteinformation (Symbol Og) sowie eine Maquoketa-Formation (Symbol Om) unterteilt.

Benannt werden die als „formations" ausgeschiedenen Gesteinseinheiten in der Regel nach einer bestimmten Lokalität innerhalb ihres Typusgebietes. Sind sie in der Zusammensetzung hinlänglich homogen, wird dem geographischen Namen ein petrographischer Begriff (z. B. St.-Louis-Kalkstein), sind sie heterogen aufgebaut, der Ausdruck „formation" (z. B. Kootenai formation) hinzugefügt.

Obgleich die „formation" in vielen Fällen nichts anderes als eine bestimmte, den Zeitfaktor völlig unberücksichtigt lassende und das „stratigraphische" Profil schräg durchlaufende Faziesausbildung darstellt, wird sie als (litho-)stratigraphische Einheit bezeichnet. Die Erklärung für den vermeintlichen Mißbrauch des Begriffes „Stratigraphie" ist in seiner unterschiedlichen Definition zu suchen. Während nämlich die Amerikaner unter „Stratigraphie" gewöhnlich eine sehr weit gefaßte, die Form, petrographische Ausbildung, Fazies, Genese usw. berücksichtigende Schichtbeschreibung verstehen, dem Zeitbegriff jedoch — abgesehen von der „chronostratigraphischen" Klassifikation — oft nur eine untergeordnete Bedeutung beimessen oder ihn sogar ganz wegfallen lassen, bezeichnen wir als Stratigraphie „denjenigen Zweig der Historischen Geologie, der die Gesteine nach ihrer zeitlichen

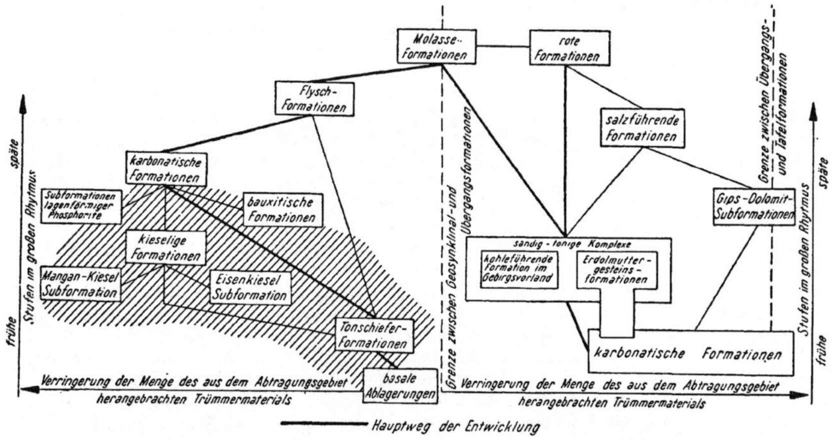

Abb. 2. Schematische Darstellung des Zusammenhangs der wichtigsten Formationen der Geosynklinal- und der Übergangsgruppe

Die Schraffierung bezeichnet das häufigste Verbreitungsgebiet der begleitenden vulkanogenen Formationen. (Aus L. B. RUCHIN: „Grundzüge der Lithologie", Berlin 1958)

Bildungsfolge zu ordnen und eine Zeitskala zur Datierung der geologischen Vorgänge und Ereignisse aufzustellen hat" (O. H. SCHINDEWOLF 1960). Die amerikanische „Lithostratigraphie" entspricht diesem bei uns allgemeingültigen Grundsatz meist nicht. Wir müssen deshalb den Gebrauch des Begriffes „formation" im Sinne einer stratigraphischen Einheit ablehnen, da alle stratigraphischen Begriffe einen raumzeitlichen Inhalt besitzen sollten (O. SEITZ 1931) und deshalb das Prädikat „Stratigraphie" nicht angewandt werden darf, wenn der ihm innewohnende Zeitbegriff fehlt (O. H. SCHINDEWOLF 1955).

Der Begriff „Formation" in der sowjetischen geologischen Literatur

In der Sowjetunion werden die Gesteine sowohl nach stratigraphischen als auch nach rein petrographischen und lithogenetischen Gesichtspunkten gegliedert. Im Gegensatz zu den Amerikanern unterscheiden die sowjetischen Geologen jedoch streng zwischen stratigraphischer und petrographischer bzw. lithogenetischer Einteilung. Stratigraphie ist bei ihnen

„der Teil der Historischen Geologie, der die zeitliche Aufeinanderfolge, die primären Wechselbeziehungen und die geographische Ausdehnung der sedimentären, magmatischen und metamorphen Bildungen, die die Erdkruste zusammensetzen, behandelt und die natürlichen Abschnitte in der Entwicklung der Erde und der organischen Welt, die sie bevölkert, widerspiegelt", wobei man als Hauptziel der stratigraphischen Forschung einmal „die Untersuchung der Altersbeziehungen von Gesteinen aus verschiedenen Teilen der Erdkruste als die unumgängliche Voraussetzung zur Lösung sämtlicher Probleme der Strukturgeologie, der geologischen Kartierung und der Lagerstättenerkundung" und zum anderen „die Herstellung einer einheitlichen natürlichen Skala der relativen geologischen Chronologie" betrachtet (Stratigraphisches Allunionskomitee der UdSSR, Moskau 1960).

Auch in der UdSSR spielt also der Zeitfaktor in der Stratigraphie die wichtigste Rolle. Die Stratigraphie im sowjetischen Sinne fußt deshalb, ebenso wie bei uns, im wesentlichen auf der Biostratigraphie, d. h., die Gliederung der verschiedenen Gesteinskomplexe und ihre Einteilung in stratigraphische Einheiten (Gruppe, System, Abteilung, Stufe) erfolgt hauptsächlich auf der Grundlage der in ihnen enthaltenen organischen Reste.

Sämtliche Einteilungen, die lediglich auf der Grundlage petrographischer bzw. lithogenetischer Merkmale vorgenommen wurden, werden entweder, wenn sie den Zeitfaktor berücksichtigen, als behelfsmäßige Unterteilungen („serii", „swity" und „patschkii",) von nur lokaler Bedeutung den stratigraphischen Standardgliederungen untergeordnet oder aber, wie die Einteilung in lithogenetische Einheiten darstellende Formationen (formazii), streng von diesen unterschieden.

Unter einer „Formation" versteht man in der Sowjetunion im allgemeinen einen

„Gesteinskomplex, dessen einzelne Glieder sowohl in lateraler Richtung als auch in ihrer vertikalen stratigraphischen Folge paragenetisch eng miteinander verbunden sind" (N. S. SCHATSKI 1960).

Bei der Ausscheidung von Formationen muß man nach L. B. RUCHIN (1958)

„die Eigenart und ausreichende Beständigkeit ihrer Zusammensetzung sowie die Einheitlichkeit von Entstehungsort und -zeit und aushaltende Mächtigkeit berücksichtigen, ferner auch die ihnen eigenen Besonderheiten der Lagerung und des tektonischen Baues".

In der Regel werden nach geotektonischen Gesichtspunkten drei große Formationsgruppen unterschieden, die der Geosynklinal-, der Tafel- und der Übergangsformationen. Jede dieser Formationsgruppen weist ihr eigene spezifische Merkmale in der petrographischen Zusammensetzung, der Mächtigkeit und der Lagerungsart auf. Für den Typ der „Geosynklinalformationen" sind z. B. mächtige Tonschieferformationen, silikatisch-vulkanogene Formationen oder Flyschformationen besonders charakteristisch, für den Typ der „Tafelformationen" relativ geringmächtige Glaukonit-Phosphorit- oder Gips-Dolomit-Formationen. Die kohleführenden Formationen, die oolithischen Eisenerz- und die Erdölmuttergesteinsformationen sind typische Vertreter der Gruppe der „Übergangsformationen", d. h. derjenigen „Formationen", die sich in den Randzonen der an die Geosynklinale angrenzenden Tafelgebiete bildeten (vgl. Abb. 2).

Im Gegensatz zu den amerikanischen „formations" stehen bei den „Formationen" im sowjetischen Sinne also nicht die äußeren Merkmale der Gesteine, sondern ihre Genese im Vordergrund. Die Molasseformation vereinigt zum Beispiel sowohl sandige als auch kalkige, tonige, konglomeratische u. a. Schichtglieder in sich, kann deshalb auf keinen Fall als eine petrographische, wohl aber als eine genetische Einheit bezeichnet werden.

Bei der Grenzziehung zwischen den einzelnen Formationen spielen aus diesem Grund auch weniger Wechsel in der Gesteinsbeschaffenheit, sondern vielmehr grundlegende Veränderungen in den Faziesverhältnissen und in zahlreichen Fällen auch Schichtlücken die wichtigste Rolle. Da sowohl diese geotektonisch bedingten Faziesgrenzen als auch die Schichtlücken nur selten genau mit den Trennungsflächen der stratigraphischen Einheiten (System, Abteilung, Stufe usw.) zusammenfallen, liegen die Formationsgrenzen meist innerhalb dieser Einheiten.

Die Bildungsdauer der Formationen kann sehr verschieden sein. Sie kann ein „Alter" (geochronologisches Äquivalent der Stufe) umfassen, sich andererseits aber auch über Epochen oder sogar Perioden hinweg erstrecken. Entsprechend stark schwankt natürlich auch die Mächtigkeit der einzelnen Formationen sowie die Größe des von ihnen eingenommenen Bildungsraumes. Man bezeichnet aus diesem Grund die genetisch zusammengehörigen Gesteinskomplexe geringeren Umfanges oft als „Subformationen", die noch kleineren als „Großfazies". Von der „Fazies" selbst unterscheiden sie sich vor allen Dingen dadurch, daß sie in tektonisch genau definierten Teilen der Erdkruste vorkommen, währenddessen die unterschiedlichen Faziesausbildungen (marine, lagunäre, kontinentale u. a. Fazies) ja in tektonisch sehr verschiedenartig gebauten Gebieten angetroffen werden können. Die „Formation" ist nicht ein lokaler, auf kleinen Raum beschränkter, sondern ein regionaler, lithologisch-struktureller Begriff (L. B. RUCHIN 1958).

Eine etwas andere Bedeutung besitzen die Formationen bei I. W. POPOW (1959)[5], der von „petrographischen Formationen" als den Formationen schlechthin (Flyschformation, Gips-Dolomit-Formation usw.), von „geologischen Formationen" als den petrographischen Formationen in ihrer konkreten Erscheinungsform an einer gegebenen geologisch-historischen und geographischen Stelle der Erdkruste, von „geologisch-genetischen Komplexen" als den Gesteinen einer Formation, die unter gleichartigen Faziesbedingungen gebildet wurden, sowie von „petrographischen Gesteinstypen" als den innerhalb eines geologisch-genetischen Komplexes vereinigten Gesteinen, die eine ähnliche mineralogische Zusammensetzung, Struktur und Textur aufweisen, spricht.

[5]) Mit I. W. POPOW (1959) wird ein Beispiel angeführt, was man in der Ingenieurgeologie unter einer „Formation" versteht.

Bei D. W. NALIWKIN (1956) bildet die „Formation" das vierte und letzte Glied seiner Faziesklassifikation (1. „Fazija", z. B. Grundmoräne, 2. „Serwija" = Komplex verschiedener Fazies, z. B. Gletschergebiet, 3. „Nimija" = Komplex verschiedener Fazieskomplexe, z. B. der Bergrücken, auf dem dieses Gletschergebiet liegt, und 4. „Formazija", in diesem Falle der Kontinent, auf dem sich der Bergrücken befindet). D. W. NALIWKIN scheidet drei Haupttypen aus, die kontinentale, die lagunäre und die marine Formation.

Diese und noch andere, hier nicht zitierte Anwendungsarten des Begriffes „Formation" und die daraus resultierenden Gliederungsschemata stehen natürlich nicht im Einklang mit der nach geotektonischen Gesichtspunkten vorgenommenen Einteilung N. S. SCHATSKIS, L. B. RUCHINS u. a. in Geosynklinal-, Übergangs- und Tafelformationen. Obwohl die „Formationen" in der Richtlinie des Stratigraphischen Allunionskomitees der UdSSR über die stratigraphische Klassifikation und Terminologie, da sie in der Sowjetunion keine stratigraphischen Einheiten darstellen, nicht erwähnt werden und deshalb z. Z. auch noch nicht einen verbindlichen Begriff darstellen, kann man doch bei Durchsicht der entsprechenden Literatur feststellen, daß die geotektonisch-lithogenetische Definition bei weitem am meisten benutzt und von der Mehrheit der sowjetischen Geologen anerkannt wird.

Schlußfolgerungen

Es würde den Rahmen dieser Arbeit übersteigen, wollte man noch anführen, was z. B. in England, Frankreich u. a. Ländern unter einer „Formation" verstanden wird. Verf. ist der Meinung, daß die wenigen Beispiele aus Deutschland, den USA und der UdSSR schon genügen, um die Vieldeutigkeit dieses Begriffes aufzuzeigen.

Da auf dem XXI. Internationalen Geologenkongreß 1960 in Kopenhagen in der Subkommission für Stratigraphische Terminologie über den einheitlichen Gebrauch geologischer Begriffe bereits ausführlich diskutiert wurde, ist es endlich an der Zeit, daß auch wir uns mit derartigen terminologischen Fragen auseinandersetzen, um vor dem dafür zuständigen internationalen Gremium in Zukunft mit eigenen gut durchdachten und wohlbegründeten Vorschlägen aufwarten zu können. Es wird deshalb eine Diskussion über die Anwendung des Ausdrucks „Formation" im deutschen Sprachgebrauch angeregt, jedoch nicht, ohne nochmals nachdrücklich darauf hingewiesen und gefordert zu haben, daß dieser Begriff nicht zur Bezeichnung stratigraphischer Einheiten 2. Ordnung (Devon, Karbon, Perm usw.) verwendet werden darf, da dafür bereits der II. Internationale Geologenkongreß 1881 in Bologna den Ausdruck „System" festgelegt hat und sich die meisten Länder auch nach diesem Beschluß richten.

Ein von der Abt. Regionale Geologie des Zentralen Geologischen Instituts, Berlin, ausgearbeiteter Vorschlag über die künftige Anwendung des Wortes „Formation" in der Geologie erscheint in einem der nächsten Hefte dieser Zeitschrift.

Literatur

American Commission on Stratigraphic Nomenclature: Report 4: Nature, usage, and nomenclature of rock-stratigraphic units. – Bull. Amer. Assoc. Petrol. Geol., **40**, Tulsa, Oklah., 1956.
ARNOLD, TH.: Eine Untersuchung des Ursprungs und der Formierung der Fossilien oder Fisch-Schalen. – Leipzig 1733.
BAUMER, J. G.: Fundamenta Geographiae et Hydrographiae subterraneae. – 1779.
BERINGER, C. C.: Geschichte der Geologie und des geologischen Weltbildes. – Stuttgart 1954.
BERINGER-MURAWSKI: Geologisches Wörterbuch. – Stuttgart 1957.
BÖHMER, K. F.: Geognostische Beobachtungen über den östlichen Communion-Unterharz. – Bergm. Journ., Jg. 6, Freiberg 1794.
BREISLAK, S.: Lehrbuch der Geologie, I. Bd. – Braunschweig 1819.
BRINKMANN, R.: Abriß der Geologie. – 8. Aufl., II. Bd., Stuttgart 1959.
BRONGNIART, A.: Sur les caractères zoologiques des formations. – Annales des Mines, 1821.
BRUNNER, J.: Handbuch der Gebirgskunde für angehende Geognosten. – Leipzig 1803.
BUBNOFF, S. v.: Einführung in die Erdgeschichte. – Berlin 1956.
BUCH, L. v.: Über den Gabbro mit einigen Bemerkungen über den Begriff einer Gebirgsart. – Magaz. Ges. naturforsch. Freunde zu Berlin, 4. Jg., Berlin 1810.
– Über lokale und allgemeine Gebirgs-Formationen. – Leonhard's min. Taschenb., 8. Jg., 2. Abt., Frankfurt (Main) 1814.
BÜLOW, K. v.: Geschichte der Geologie. – Im Brockhaus Taschenbuch der Geologie, Leipzig 1955.
CONYBEARE, W. D. & W. PHILLIPS: Outlines of the Geology of England and Wales with an introductory Compendium of the general principles of that science and comparativ views of the Structur of foreign countries. – London 1822.
COTTA, B. v.: Die Geologie der Gegenwart. – Leipzig 1866.
CREDNER, H.: Elemente der Geologie. – Leipzig 1878.
DIENER, C.: Grundzüge der Biostratigraphie. – Leipzig und Wien 1925.
DOLOMIEU, D. DE: Bemerkungen über die gemischten Steinarten und über die Gebirgsarten. – Bergm. Journ., Jg. 5, II. Bd., Freiberg 1792.
FORGOTSEN, J. M.: Nature, usage, and definition of marker-defined vertically segregated rock units. – Bull. Amer. Assoc. Petrol. Geol., **41**, Tulsa, Oklah. 1957.
FÜCHSEL, G. CHR.: Historia terrae et maris, ex Historia Thuringiae, per montium descriptionem, eruta. – Acta Academiae Elect. moguntinae scient., quae Erfurti est ad 1761.
– Entwurf zu der ältesten Erd- und Menschengeschichte, nebst einem Versuch, den Ursprung der Sprache zu finden. – Frankfurt (Main) und Leipzig 1773.
GARRELS, R. M.: A Textbook of Geology. – New York 1951.
GEHLER, J. S. T.: Physikalisches Wörterbuch oder Versuch einer Erklärung der vornehmsten Begriffe und Kunstwörter der Naturgeschichte. – 2. Bd., Leipzig 1789.
– Physikalisches Wörterbuch oder Versuch einer Erklärung der vornehmsten Begriffe und Kunstwörter. – 2. Bd., Leipzig 1798, und 5. Bd., Leipzig 1799.
GEIKIE, A.: Class-Book of Geology. – London 1886.
GRAY, H. H.: Definition of term formation in stratigraphic sense. – Bull. Amer. Assoc. Petrol. Geol., **42**, Tulsa, Oklah., 1958.
GRESSLY, A.; Observations géologiques sur le Jura Soleurois. – N. Denkschr. allg. schweiz. Ges. ges. Naturwiss., Bd. II, Neuchatel 1838.
HAAS, H.: Leitfaden der Geologie. – Leipzig 1906.
HAIDINGER, K.: Systematische Eintheilung der Gebirgsarten. – Wien 1787.
HAUER, F. R. v.: Die Geologie und ihre Anwendung auf die Kenntnis der Bodenbeschaffenheit. – Wien 1875.
HEDBERG, H. D.: Stratigraphic classification and terminology. – Bull. Amer. Assoc. Petrol. Geol., **42**, Tulsa, Oklah., 1958.
HEIM, J. L.: Geologische Beschreibung des Thüringer Waldgebürgs. – II. T., 1. Abt., Meiningen 1798.
HERMANN, B. F. J.: Über die Entstehung der Gebirge und ihre gegenwärtige Beschaffenheit. – Leipzig 1797.
HUMBOLDT, A. v.: Aus einem Brief des Hr. v. HUMBOLDT zu Arzberg am Fichtelberg. – Bergm. Journ., Jg. 5., II. Bd., Freiberg 1792.
– Geognostischer Versuch über die Lagerung der Gebirgsarten in beiden Erdhälften. – Straßburg 1823.
HUMMEL, K.: Geschichte der Geologie. – Sammlung Göschen, Berlin und Leipzig 1925.
JASCHE, CHR. F.: Das Wissenswürdigste aus der Gebirgskunde. – Büchenberg 1811.
JUKES, J. B.: The Student's Manual of Geology. – Edinburgh 1872.
KEFERSTEIN, CHR.: Teutschland, geognostisch und geologisch dargestellt. – I. Bd., Weimar 1821.
KÖLBEL, H.: Die Internationalen Geologenkongresse. – Geologie, **9**, H. 4, Berlin 1960.
KOTTLOWSKI, F. E.: Formation or formation. – Bull. Amer. Assoc. Petrol. Geol., **42**, Tulsa, Oklah., 1959.
KRISCHTOFOWITSCH, A. N.: Geologisches Wörterbuch (russ.). – Teil 2, Moskau 1955 und 1960.
KRUMBEIN, W. C. & L. L. SLOSS: Stratigraphy and Sedimentation. – San Francisco 1951.
KUKUK, P.: Geologie, Mineralogie und Lagerstättenlehre. – Berlin-Göttingen-Heidelberg 1955.
LAHEE, F. H.: Field Geology. – 6. Aufl., New York 1961.
LASIUS, G. S. O.: Beobachtungen über die Harzgebirge. – Hannover 1789.
LEHMANN, J. G.: Kurtze Einleitung in einige Theile der Bergwercks-Wissenschaft. – Berlin 1751.
– Versuch einer Geschichte von Flötz-Gebürgen... – Berlin 1756.
– Entwurf einer Mineralogie. – Berlin 1760.
LEIBNITZ, G. W.: Protogaea oder erste Abhandlung von der ersten Gestalt der Erde und den Spuren der Historie in den Denkmaalen der Natur. – Leipzig und Hof 1749.
LOTZE, F.: Geologie. – Sammlung Göschen, Berlin 1955.
LYELL, CH.: Geologie oder Entwicklungsgeschichte der Erde und ihrer Bewohner. – Berlin 1857.
MAYR, CHR.: Herrn Bergrath Werner's letztes Mineralsystem. – Wien 1820.
MOHS, F.: Die ersten Begriffe der Mineralogie und Geognosie für junge praktische Bergleute. – Wien 1842.
MOLL, C. E. v.: Jahrbrecher der Berg- und Hüttenkunde. – Bd. 1–5 (1797–1801).
– Annalen der Berg- und Hüttenkunde. – Bd. 4–8 (1805–1809).
– Ephemeriden der Berg- und Hüttenkunde. – Bd. 1–5 (1805–1809).
NALIWKIN, D. W.: Lehre von der Fazies. – I. Bd., Moskau 1956 (russ.).
NAUMANN, C. F.: Lehrbuch der Geognosie. – Leipzig 1862.
NEMNICH, PH. A.: Allgemeines Polyglotten-Lexicon der Naturgeschichte. – Hamburg und Halle 1793.
– Wörterbücher der Naturgeschichte. – Hamburg und Leipzig 1793.
PATTERSON, J. R. & T. P. STOREY: Lithologic versus stratigraphic concepts. – Bull. Amer. Assoc. Petrol. Geol., **41**, Tulsa, Oklah., 1957.
POPOW, I. W.: Ingenieurgeologie. – 2. Ausg. (1959) (russ.).
PREVOST, C.: Bericht über die Sitzung der Geologischen Gesellschaft von Frankreich am 18. Dezember 1837. – Bull. Soc. Géol. France, Bd. 9, Paris 1838.
– De la chronologie des terrains et du synchronisme des formations. – C. R. Acad. Sci., **20**, Paris 1845.
PUSCH, G. G.: Ueber den Begriff Gebirgs-Formazion und den bisher so schwankenden Gebrauch dieses Ausdruckes in der Geognosie. – Z. Min., Jg. 1826, I. und II. Bd., Frankfurt (Main) 1826.
RAUMER, K. v. & M. v. ENGELHARDT: Geognostische Versuche. – Berlin 1815.
REICHETZER, F.: Anleitung zur Geognosie, insbesondere zur Gebirgskunde. – Wien 1812.
REYER, E.: Theoretische Geologie. – Stuttgart 1888.
RICHTER, K. F.: Taschenbuch zur Geognosie. – Freiberg 1818.
RUCHIN, L. B.: Grundzüge der Lithologie. – Berlin 1958.
SACK, F. W.: Geologie oder Betrachtung der Erde. – Breslau 1785.
SCHATSKI, N. S.: Die Paragenesen der sedimentären und vulkanogenen Gesteine und Formationen. – Mitt. Akad. Wiss. UdSSR, geol. Serie, Nr. 5, Moskau 1960 (russ.).
SCHIEFERDECKER, A. A. G.: Geological Nomenclature. – Gorinchem 1959.
SCHINDEWOLF, O. H.: Grundlagen und Methoden der paläontologischen Chronologie. – Berlin 1944.
– Über einige stratigraphische Grundbegriffe. – Roemeriana, **1**, Clausthal-Zellerfeld 1955.
– Stratigraphische Methodik und Terminologie. – Geol. Rdsch., **49**, 1, Stuttgart 1960.

SCHREBER, D. G.: Abhandlung von dem Ursprung der Gebürge. – Leipzig 1770.
SCHRÖTER, J. S.: Lithologisches Reallexikon. – II. Bd., Frankfurt (Main) 1779.
SEITZ, O.: Über Raum- und Zeitvorstellung in der Stratigraphie und deren Bedeutung für die stratigraphischen Grundprinzipien. – Sitz.-Ber. preuß. geol. Landesanst., 6, Berlin 1931.
STEFFENS, H.: Geognostisch-geologische Aufsätze als Vorbereitung zu einer innern Naturgeschichte der Erde. – Hamburg 1810.
Stratigraphisches Allunionskomitee der UdSSR: Stratigraphische Klassifikation und Terminologie. – Moskau 1960.
SULZER, J. G.: Untersuchung von dem Ursprung der Berge. – Zürich 1746.
SVOBODY, J. F.: Naučný Geologický Slovnik. – I. Teil, Prag 1961.
THENIUS, E.: Tertiär. – II. Teil, Stuttgart 1959.
TREFETHEN, J. M.: Geology of Engineers. – 5. Aufl., Toronto–New York–London 1954.
VELTHEIM, A. v.: Grundriß einer Mineralogie. – Braunschweig 1781.
VOIGT, J. C. W.: Erklärendes Verzeichnis seiner neuen Cabinets von Gebirgsarten. – Weimar 1792.
– Praktische Gebirgskunde. – Weimar 1792.
WAGNER, P.: Lehrbuch der Geologie und Mineralogie für höhere Schulen. – 6. Aufl., Leipzig und Berlin 1917.
WERNER, A. G.: Kurze Klassifikation und Beschreibung der verschiedenen Gebirgsarten. – Dresden 1787.
– WERNER's Bekanntmachung einer von ihm am Scheibenberger Hügel über die Entstehung des Basalts gemachten Entdeckung... – Bergm. Journ., 1. Jg., II. Bd., Freiberg 1788.
– Neue Theorie von der Entstehung der Gänge mit Anwendung auf den Bergbau, besonders den freybergischen. – Freiberg 1791 (Ref. im Bergm. Journ., 5. Jg., I. Bd., Freiberg 1792).
– Ueber den Trap der Schweden. – Bergm. Journ., 6. Jg., II. Bd., Freiberg 1794.
WOLFEN, J. CHR.: Erbauliche Betrachtung über die Berge. – Hof 1756.
ZITTEL, K. A. v.: Geschichte der Geologie und Paläontologie bis Ende des 19. Jahrhunderts. – München und Leipzig 1899.

Mineralförderung der Republik Kongo im Jahre 1960

HERBERT P. T. HYDE, Berlin

Diese Zusammenstellung beruht auf dem Jahresbericht des Londoner Mining Journal (1961), ohne Berücksichtigung des Mandatsgebietes von Ruanda-Urundi.

Zur Zeit der Unabhängigkeitserklärung des Kongo am 30. Juni 1960 hatte die Montanindustrie einen noch nie erreichten Höchststand. Ein weiterer Anstieg zeichnete sich ab. Die Gesamtproduktion 1960 lag 60% höher als 1950, die Indexziffer für Export war von 100 im Jahre 1953 auf 120 im Jahre 1959 angewachsen.

Gegenüber dem Vorjahr stieg die Kupferproduktion im Jahre 1959 um 18%, Kobalt mit Nebenprodukten um 33%, Zinn um 11% und Silber um 25%.

Mit 78000 Bergarbeitern waren etwa 12% der arbeitsfähigen Bevölkerung im Berg- und Hüttenbetrieb des damaligen Belgischen Kongo tätig. Der Wert der Mineralproduktion stieg für den Gesamtkongo von 13355039000 Kongo-Franken 1958 auf 15759658000 im Jahre 1959.

Seit der Gründung des Kongostaates liegen die Zahlen wie folgt:

Katanga	12116000000 (76%)
Kivu und Orientale (geschätzt)	1600000000 (10%)
Kasai	1943000000 (13%)
zusammen	15659000000 (99%) Franken

Im Jahre 1960 sind die drei Minenkonzerne Géomines in Manono (Zinn), Charbonnages de Luena in Luena (Kohle) und Sermikat in Bukena (Zinn) zum Stillstand gekommen.

Sermikat hat jedoch in einem Zweigunternehmen in Mitwabe weitergearbeitet.

Die Kupfererzeugung hat innerhalb des Jahres 1960 zugenommen und betrug 302000 t, verglichen mit 282000 t des Vorjahres. Als Ziel für 1961 wurde die Zahl 335000 t angegeben.

Im März 1961 lief ein neues Hüttenwerk in Kambove-West an, dem im Juni 1962 ein weiteres in Kakanda folgen soll. Die Pläne für ein drittes in Kamoto, das 1964 den Betrieb aufnehmen soll, lauten auf 1000000 t Erz pro Jahr.

Aus Katanga stammen 65% der Gesamtförderung an Kobalt in der kapitalistischen Welt. Es fällt als Nebenprodukt der Kupferverhüttung an, und zwar nach FURON im Verhältnis 30% Kobalt, 40% Eisen und 26% Kupfer.

Die Produktion begann im Jahre 1924 mit 273 t und erreichte im Jahre 1960 8184 t, verglichen mit 8431 t im Jahre 1959.

In dem erwähnten neuen Hüttenwerk von Kakanda wird mit einer Jahresproduktion von 3500 t Kobalt gerechnet.

Die Produktion von Zinn war 1960 wegen der inneren Unruhen geringer als in den Vorjahren.

Der kongolesische Zinnstein, an präkambrische Granite gebunden, findet sich im Osten und Südosten, im Maniema-Gebiet, in Kivu und Katanga. Den Kassiterit begleiten zeitweise Kolumbit-Tantalit, Scheelit, Wismut und Molybdänit.

Im Jahre 1959 produzierte der Kongo 11260 t 72%iges Zinnkonzentrat. Die Zahlen für die Gesamtproduktion lagen bei Redaktionsschluß des Jahrbuches noch nicht vor. Doch steht fest, daß das Hüttenwerk Géomines in Manono, Nordkatanga, nur 2548 t Zinn im Vergleich mit 3344 t des Vorjahres erzeugte.

Noch im März 1961 war die Situation auf diesem Sektor recht schwierig.

Sehr günstig dagegen stand es mit der Ausbeute von Zink, das von der Union Minière als Nebenprodukt der Kupfererzeugung im Kipushi-Distrikt seit 1936 gewonnen wird. Die Gesamtproduktion belief sich auf 192000 t im Jahre 1960, verglichen mit 118000 t im Jahre 1959 und 200107 t im Jahre 1958. So blieb auch noch im Jahre 1960 der Kongo der Hauptproduzent an Zink in Afrika. Elektrolytisches Zink ging jedoch auf 53358 t im Jahre 1960, verglichen mit 54810 t im Jahre 1959, zurück.

Die Erzeugung von Germanium verdoppelte sich fast. Seit 1954 wird es als Nebenprodukt des Kupfers von Kipushi in Lubambashi gewonnen. Die Produktion stieg 1960 auf 26100 kg, verglichen mit 13643 kg im Jahre 1959.

Die Uranium-Radium-Erzeugung hat im Belgischen Kongo in der Vergangenheit eine sehr bedeutende Rolle gespielt. Während einiger Jahrzehnte besaß Belgien mit den Kongo-Vorkommen das Monopol.

Das Erz in der Shinkolobwe-Mine soll jetzt erschöpft sein. Der Betrieb wurde im März 1961 eingestellt. Die Erzeugung von Uraniumoxyd im Kongo betrug 1960 nur noch 1079 t, verglichen mit 2110 t im Jahre 1959. Auch die Produktion des Radiums war geringer: 52 g im Jahre 1960 gegenüber 95 g 1959.

In der Manganerzeugung zeigt die Jahresbilanz für 1960 einen Anstieg. Im Vergleich zum Jahre 1959 mit 290000 t Manganerz belief sich die Produktion 1960 auf 390000 t. 342000 t Manganerz wurden exportiert.

Es gibt zur Zeit im Kongo drei Produktionszentren für Diamanten: das Kasaigebiet, das Bushimaie- oder Lubilash-Gebiet und ein Diamantenfeld im Kundelungu-Plateau von Katanga. Sowohl im Bushimaie wie in Katanga hat man Kimberlitröhren als Ausgangspunkt der Diamanten nachgewiesen. Nach FURON wurden im Kongo seit 1913 200000000 Karat Diamanten gewonnen.

Man unterscheidet zwei Arten: Kasai-Diamanten, von denen 30% Schmucksteine liefern, und Lubilash-Diamanten, von denen sich 98% nur für industrielle Zwecke eignen. Die Kasai-Diamanten werden von der „Forminière", die Lubilash-Diamanten von der „Société du Bécéka" gewonnen.

Die Forminière produzierte 1959 425234 Karat. Die Gewinnung für die ersten sechs Monate des Jahres 1960 mit 211915 Karat war normal, aber die Jahreserzeugung betrug nur 241000 Karat, gegenüber einer Schätzung von 400000 Karat, d. h., in der zweiten Jahreshälfte wurden weniger als 30000 Karat produziert.

Die Produktion der „Bécéka" an industriellen Diamanten (Boart) betrug 1959 14324033 Karat. In den ersten sechs Monaten des Jahres 1960 stieg die Gewinnung auf 9602920 Karat, denen für die zweite Jahreshälfte 3547080 Karat gegenüberstehen, so daß sich die Gesamtausbeute auf 13150000 Karat belief.

Gold in Flußseifen wie in Quarzadern findet sich in wechselnden Mengen fast überall im Kongo, im besonderen im äußersten Nordosten in Kilo und Moto. In Katanga fällt alljährlich eine kleine Menge als Nebenprodukt der Kupferaufbereitung an. Nach FURON wurden von 1905 bis 1950 300 t erzeugt. Die Reserven schätzte man 1935 auf 150 t.

1960 ging die Goldgewinnung erheblich zurück. Sie wird auf 8500 kg geschätzt. Im Vorjahr verteilte sich die Gesamtmenge des gewonnenen Goldes — 10828 kg — auf folgende Minen:

Mines D'Or de Kilo-Moto	6851 kg
Minière des Grands Lacs	2061 „
Kinorétain	903 „
Forminière	245 „
Union Minière du Haut Katanga	24 „
Andere Vorkommen	744 „
	10828 kg

Silber, Platin und Palladium werden als Nebenprodukte der Kupfergewinnung in Katanga produziert. Nach einem bedeutenden Anstieg von 95 t im Jahre 1957 auf 148 t im Jahre 1958 fiel die Erzeugung von Silber auf 124 t im Jahre 1960.

Nur ganz geringe Mengen von Platin und Palladium, etwa 1 kg, wurden 1960 erzeugt.

Der starke Rückgang in der Steinkohlenproduktion von 247000 t im Jahre 1959 auf 164000 t im Jahre 1960 ist auf die Unruhen im Kongo zurückzuführen.

Die Suche nach Erdöl nahm 1960 ihren Fortgang, und zwar in erster Linie mit Hilfe geophysikalischer (gravimetrischer) Methoden. Eine neue Gesellschaft mit einem Betriebskapital von 150000000 kongolesischen Franken unter dem Namen „Société Congolaise de Récherches et d'Exploitation des Pétroles" (Socorep) wurde am 15. Mai 1960 gegründet.

Methangas im Kivusee, mit einem von FURON geschätzten Vorrat von 54 Milliarden Kubikmeter, war auch im Jahre 1960 Gegenstand eingehender Untersuchungen.

Obwohl Bauxitvorkommen im Kongo in qualitativer Hinsicht hinter denen der Guinea-Republik zurückstehen, ist der Abbau vorgesehen und zu diesem Zweck die Bauxikongo-Gesellschaft gegründet worden. Die Produktion von Kolumbit-Tantalit ging von 166 t im Jahre 1959 auf 97 t im Jahre 1960 zurück.

Lesesteine

Westdeutschlands „strategische" Eisenerzreserven

Friedensbeteuerungen aus den Kreisen der Politiker um Dr. ADENAUER können wohl keinen Menschen mehr darüber im unklaren lassen, daß das eigentliche Ziel westdeutscher Politik die Ausrüstung mit Atomwaffen ist. Der innerste Grund dieser Rüstungsbereitschaft ist die Kriegsbereitschaft. Natürlich gibt man das nicht offen zu, sondern verdeckt die entsprechenden Vorbereitungen mit Worten wie „Notmaßnahmen", „Notstand" oder auch „Entwicklungshilfe für unterentwickelte Länder". Wie die Dinge auf dem Sektor der Reserven für Rüstungen und Krieg aber tatsächlich liegen, erläuterte kürzlich der niedersächsische Wirtschaftsminister CARLO GRAAF (lt. „Industriekurier" vom 21.11.1961).

Anläßlich einer Beratung über die weitere Entwicklung der Eisenerzförderung in Westdeutschland, verbunden mit der Frage, ob die Bonner Regierung durch „Finanzausgleich" Eisenerzgruben „funktionsfähig" machen und erhalten soll oder nicht, erklärte er, daß es nötig sei, die heimische Eisenerzproduktion weitgehend einzustellen, um eine „nationale Notstandsreserve" in Händen zu haben, eine Reserve für den STRAUSSschen „Fall Rot". Es handelt sich also offensichtlich um „strategische" Eisenerzreserven. Folgende Tatsachen stehen im Hintergrund:

Die Weltrohstahlproduktion liegt heute bei etwa 340 Mill. t. Sie wird nach den Perspektiven westlicher Marktforscher in den Jahren 1972—1975 auf etwa 630 Mill. t ansteigen. Nach diesen Berechnungen produziert dann der westdeutsche Partner 41—50 Mill. t Rohstahl.

Bereits 1960 wurden von den insgesamt verhütteten 45 Mill. Stoff-t-Eisenerz (für eine Tonne Stahl etwa 3—4 Tonnen Rohstoffe) nur 30% aus dem Inland bezogen. 70% — einschließlich 21% Minette — kamen aus dem Ausland. Die Herkunftsländer waren vor allem: Schweden, Kanada, Südamerika, Indien und Westafrika.

Unter dem Blickwinkel einer solchen Rohstoffpolitik werden natürlich die Transportwege immer länger. So nahm allein für Westdeutschland der durchschnittliche Seeweg für Eisenerze zwischen den Jahren 1957—1960 um 39%, genau gesagt, von 3900 km auf 5400 km, zu. Die Frachtkostenbelastung des Erzes macht durchschnittlich 30% der „cif"-Kosten aus.

Um den Umfang der effektiven Gewinne aus neokolonialistischer Ausbeutung zu erfassen, muß man noch die Umgestaltung der inneren Organisation in Betracht ziehen. Die am leichtesten erreichbaren Lagerstätten in den Küstenbereichen überseeischer Länder sind größtenteils abgebaut. Man wendet sich notgedrungen dem Aufschluß landesinnerer Vorkommen zu. Dadurch verschieben sich die Betriebskosten derart, daß (ohne Aufbereitungsanlagen) 50% der Investitionsmittel für Eisenbahnbau und weitere 25% für Hafenbau in Anschlag gebracht werden, so daß für die eigentliche Grube nur noch 25% der Investitionsmittel zur Verfügung stehen. Trotz all dem bleibt die Konkurrenzfähigkeit bestehen.

Aus diesen Gründen fällt es natürlich den westdeutschen Monopolgesellschaften und ihren Bonner Vertrauensleuten leicht, heimische Gruben aufzulassen, die Arbeiter auf die Straße zu setzen und die vorhandenen Rohstoffe als „strategische Reserven" zu erklären. Wie weit diese unsinnige Entwicklung geht, zeigt das Beispiel der Ilseder Hütte bei Peine, die direkt über ihren Erzvorkommen aufgebaut ist. Schon heute verhüttet man dort teilweise Auslandserze. Nach Unternehmerberichten will man künftighin den eigenen Erzbau mehr und mehr drosseln und ihn schließlich nur noch im „notwendigen Ausmaß" betreiben. K. KAUTER

Besprechungen und Referate

SVOBODA, J. & F. PRANTL

Barrandium

(Geologie des mittelböhmischen Silur und Devon in Bildern). Verl.: Nakladstelství Československé Akademie VĚD, Praha 1958. — 118 S., 1 Karte, 116 Abb.; 47,— Kčs

Das vorliegende Buch stellt einen Versuch dar, geologisches und paläontologisches Wissen unter Wahrung wissenschaftlicher Prinzipien in allgemein verständlicher Form einem möglichst großen, naturwissenschaftlich begeisterungsfähigen Kreis vorzutragen. Vom tiefen Ernst eines solchen Beginnens spricht allein schon die Tatsache, daß der tschechoslowakische Akademieverlag sich dieser Aufgabe annahm. Man kann mit großer Genugtuung feststellen, daß der Versuch gelungen ist.

Über aller wissenschaftlichen Substanz leuchtet die verehrungswürdige Gestalt jenes Mannes JOACHIM BARRANDE (1799—1883), gebürtiger Franzose, der aus eigenem Antrieb und mit eigenen Mitteln jahrzehntelang in Mittelböhmen eine nie wieder erreichte, wissenschaftliche Tat vollbrachte. Seit seinen einmaligen Veröffentlichungen von über 4000 Versteinerungen aus den Perioden vom Kambrium bis zum Devon, seit seiner äußerst gewissenhaften Einteilung und Unterteilung der dort vorkommenden Schichten führt dieses Gebiet seinen Namen: „Barrandium" oder „Barrandien".

Von dieser Zeit an ist sowohl die Gegend, in der BARRANDE seine Forschungen anstellte, die klassische Gegend der Geologie, wie auch seine Untersuchungs- und Beschreibungsmethode zur klassischen wurde. Wenn man bedenkt, daß dieses epochemachende Werk die Leistung eines wissenschaftlichen Einzelgängers war, kann man ermessen, welche ungeheuren Kräfte durch moderne Kollektivarbeit freiwerden können.

Der dem ausführlichen Textteil nachfolgende Bildteil der vorliegenden Arbeit, mit farbigen und schwarz-weißen Reproduktionen, ist ganz dazu angetan, in jedem Leser die Liebe zur Geologie und Paläontologie zu wecken. Nur wünscht man sich den auffallend schönen Abbildungen einen mindestens ebenso vollendeten Text beigegeben. Leider entspricht die Übersetzung nicht immer den berechtigten Ansprüchen, die die Verfasser dieses Werkes erheben können.

„Man wird zu ihm oft zurückkehren ...", endet der Textteil: zu der Person JOACHIM BARRANDES, zum Barrandium, jenem landschaftlich-geologischen Kleinod, und zu den für alle Geologengenerationen vorbildlichen wissenschaftlichen Methoden. Uns bleibt abschließend nur der Wunsch: Es mögen noch viele Bücher ähnlichen Charakters über unsere Geologie und Paläontologie entstehen und veröffentlicht werden. KAUTER

Freiberger Forschungshefte C 119

Akademie-Verlag, Berlin 1961. — 42,50 DM

BEHR, H.-J.: Beiträge zur petrographischen und tektonischen Analyse des sächsischen Granulitgebirges

S. 9—65, 52 Tafeln und eine Anlagenmappe

In konzentrierter Form werden die Ergebnisse einer neuen Granulitgebirgsuntersuchung vorgelegt. Diese Arbeit hat grundlegenden Charakter und geht in Einzelheiten und Synthese wesentlich über Früheres hinaus. Fortschritte gegenüber älteren Anschauungen zur Granulitgenese ergeben sich vor allem aus der erstmalig auf den Granulitkörper und seine Hülle angewendeten gefügestatistischen Analyse.

Die rhombischen Quarzgefüge (s_2) der Kerngranulite sprechen gegen eine phyramische Gesteinsauswalzung als bestimmenden Faktor für den Lagenbau der Granulite. Dieser Lagenbau (s_1) ist prägranulitischer Natur. Er wird von s_2 geschnitten.

Dabei erfolgt keine Verzerrung des Lagenbaus, so daß auch hieraus auf mangelnde Differentialbewegungen bei der Granulitgefügeprägung geschlossen werden kann.

„In den Randgranuliten dagegen spielt s_2 die Rolle einer Scherfläche, auf der Gleitbewegungen größeren Ausmaßes stattgefunden haben. Wie Restregelungen zeigen, hat s_2 auch hier vorher die Funktion einer Plättungsebene gehabt."

Hier weist das Quarzgefüge monokline bis wirtelige Symmetrie auf. In den dach- und randnahen Zonen des Granulitkörpers herrschen Verhältnisse, die nach Meinung des Verf. durch die Wechselwirkung von Granulitkörper und Hülle bei Abscher- bzw. Aufschubbewegungen im Zuge einer Stockwerkstektonik nachgranulitisch geschaffen wurden.

In diesem Grenzbereich treten auch gefügemäßig und mineralfaziell „entartete Granulite" (Granulitanatektite oder Granulitmetatektite) auf, die durch Aufblutung entstanden sind („Metagranulite").

Andere „entartete Granulite" im Granulitkern dagegen entstanden im Laufe der Granulitbildung selbst und besitzen gleiche Mineralfazies wie die Umgebung.

In zwei Kapiteln behandelt der Verf. anschließend an die gefügeanalytischen Ergebnisse die „Beziehungen zwischen Gefügebildung und Mineralfazies" und „die Tektonik des Granulitgebirges in ihrem Zusammenhang mit den benachbarten Gebirgsteilen". Er rundet so das Gesamtbild seiner Arbeit in petrographischer und geologischer Hinsicht ab und weist auf noch offene Probleme hin.

Bezüglich der Drucktechnik hätte die Heraushebung der wichtigsten Teilergebnisse fördernd auf die Übersichtlichkeit der Darstellung gewirkt.

*

ROST, F.: Zur Stellung der Granatultrabasite des Sächsischen Grundgebirges

S. 121—134, 9 Abb.

Die Granatbildung in einigen sächsischen Serpentiniten wird vom petrographischen und experimentellen Standpunkt aus diskutiert. Die aus fasrigem Klinopyroxen bestehenden Keliphytsäume der Granate (Analogie zum Eklogit von Gilsberg, HENTSCHEL 1937) und Relikttexturen weisen auf Ausgangsgesteine in granulitischer Mineralfazies hin, die von einer mehr oder minder statischen Serpentinisierung und späterer Chloritisierung und Antigoritbildung unter Durchbewegung erfaßt wurden. Für den Serpentinit von Zöblitz und ihm eingeschaltete Eklogitbänder wird ein ultrabasisches magmatisches Gestein (lherzolithisch) mit pyroxenitischen Lagen als allererste Ausgangssubstanz angenommen.

*

PFEIFFER, L.: Petrographische Probleme des Meißener Massivs

S. 137—144, 1 Abb.

Verf. erörtert die Namen und Zusammensetzungen der Hauptgesteine des Meißener Massivs vom Standpunkt moderner Nomenklaturen und teilt einige neue Integrationen und chemische Analysen mit. Er kommt zu dem Schluß, daß alle bisher im Meißener Massiv bekannten Tiefengesteine mehr oder minder granodioritischen und syenodioritischen Charakter aufweisen, so daß die vielfach gebräuchliche Bezeichnung „Meißener Granit-Syenit-Massiv" nach Meinung des Verf. ungerechtfertigt erscheint.

W. GOTTESMANN

GRABERT, H.

Das Recônvaco Bahiano — Brasiliens einziges Erdölrevier

„Erdöl und Kohle, Erdgas — Petrochemie", 14. Jg., S. 692 bis 695, Hamburg 1961

Da Brasiliens tieferer Untergrund aus kristallinen Gesteinen des Brasilianischen Schildes besteht, ist das mittelbrasilianische Recônvaco mit 7500 km² das derzeit einzige produzierende Erdölrevier Brasiliens. Das Recônvaco war während der Unterkreide ein NE—SW gerichtetes wassergefülltes Becken, in dem Sedimente vom Typ des norddeutschen Wealden abgelagert wurden. Es hatte durch die heute noch bestehende Allerheiligen-Bucht Verbindung zum Atlantik. Randlich ist das Revier durch Störungen gegen kristalline Gesteine des Brasilianischen Schildes begrenzt.

Nachdem 1939 die erste Bohrung fündig wurde, konnten bis 1954 weitere 10 Felder aufgefunden werden. Die stürmische Entwicklung des Recônvaco-Reviers fand 1960 ihren vorläufigen Abschluß. Heute können aus diesem Revier 44% des brasilianischen Rohölbedarfs gedeckt werden.

Die jetzige Produktion des Recônvaco stammt aus 22 Feldern, von denen 20 Öl, die restlichen beiden Gas fördern.

Die Rohölförderung entwickelte sich von 1954 bis 1960 wie folgt:

Jahr	1954	1955	1956	1957	1958	1959	1960
Förderung Mill. t	0,1	0,3	0,5	1,4	2,6	3,2	4,0

Die Erdölförderung stammt aus den unterkretazischen Bahia-Schichten, die faunistisch wie auch bildungsmäßig manche Parallelen zum norddeutschen Wealden aufweisen und starke Übereinstimmungen mit der westafrikanischen Unterkreide haben. Drei größere Schichtenkomplexe lassen sich stratigraphisch und tektogenetisch gegeneinander abgrenzen:

Die Bahia-Schichten beginnen mit einer ruhig sedimentierten Folge A aus roten Siltsteinen (Alianca-Schichten), groben Sandsteinen (Sergi-Sandstein) und grauen Siltsteinen (Itaparica-Schichten), werden dann von einer faziesreichen, sehr unruhig sedimentierten Folge B aus graugrünen Siltsteinen (Candeias-Schichten) sowie kalkhaltigen, ostracodenführenden Siltsteinen (Ilhas-Schichten) abgelöst. In dieser Folge treten auskeilende Sandsteinlagen sowie Transgressionshorizonte („Unconformities") auf; eine synsedimentäre Tektonik ist charakteristisch für diese Folge. In den dunklen und fossilführenden Siltsteinen werden die Erdölmuttergesteine vermutet. Die dritte Folge C besteht wieder aus ruhig abgelagerten, vielfach rötlichen Sanden und Silten (S. Sebastião-Schichten); sie liegt gelegentlich mit einer Diskordanz auf den Ilhas-Schichten.

Das Recônvaco-Erdöl wird heute noch vorwiegend aus dem Sergi-Sandstein gefördert, doch nehmen die Candeias- und Ilhas-Sandsteine als Trägergestein immer mehr an Bedeutung zu. Die syn- und postsedimentäre Tektonik hat zusammen mit Faziesdifferenzierungen und Transgressionsbildungen verschiedene Lagerstättentypen hervorgebracht. Neben stratigraphischen Erdölfallen in faziell oder unter einer Transgressionsfläche auskeilenden Sandsteinlagen treten tektonische Fallen auf, die meistens an antithetische Störungen postsedimentär vielfach wieder gegenläufig gebunden sind. Dieser Störungstyp ist für die Erdölmigration im Recônvaco von höchster Bedeutung.

DRESSEL

Grabert, H.

Über einige Mineralvorkommen in den Staaten Minas Gerais und Bahia, Brasilien

„Glückauf", Jg. 96 (1960), H. 21, S. 1350—1354

Von den aus den wichtigsten Erzgebieten Brasiliens, Minas Gerais und Bahia, beschriebenen Erzen sind die Itabirite bei Belo Horizonte die für Brasilien wirtschaftlich bedeutungsvollsten. Die Vorräte werden auf rd. 2 Mrd. t Eisenerze mit 66—70 % Fe sowie auf rd. 23 Mrd. t mit 45—65% Fe geschätzt. Der Hämatit von Minas Gerais enthält außerdem Cr, Ni, Ti. Bestimmte Lagen sind manganreich. Bei Conseilho Lafaiete wurden z. B. 7,7 Mill. t Manganerz mit 40% Mn und weitere 8 Mill. t mit 35—40% Mn nachgewiesen.

Verf. geht weiterhin auf die noch nicht ganz geklärte Genese des pyritischen Goldvorkommens vom Typ Morro Velho, südlich Belo Horizonte, ein. Aus Bahia werden neben Gold- und Manganerzen besonders Vorkommen von Monazitsanden und Schwerspat an der Atlantikküste sowie die Erdölvorkommen des Recôncavo bei Salvador erwähnt. Dressel

Romanow, J. S.

Titanführung der Poltawa-Sedimente der mittleren Dnepr—Donez-Senke

„Geologija rudnych mestoroshdenij", H. 3, 1961, S. 89—97

Im vergangenen Jahre wurde bei geologischen Revisionsarbeiten eine bemerkenswerte Titanführung der sog. Poltawaer Schichten im Gebiet der Dnepr—Donez-Senke festgestellt. Die Vorkommen treten inmitten einer mächtigen Schicht von Quarzsanden auf und gehören der stratigraphischen Einheit der „Poltawa-Folge" an. Der Schichtenkomplex umfaßt Ablagerungen des Oligozäns und Miozäns (lokal tritt auch Pliozän auf) und enthält neben Quarzsanden in untergeordneter Menge Lagen von Braunkohlen und verschiedenen Tonen.

Die eigentlichen produktiven Schichten gehören zum mittleren Miozän und bestehen aus gleich- und feinkörnigen Sanden, die oft auffallend rot, orange oder gelb gefärbt sind. Der Anteil der Korngrößenfraktion 0,25—0,075 mm überwiegt (etwa 60—70%). Die Körner sind durchweg stark gerundet. Trotz der Feinkörnigkeit ergaben Aufbereitungsversuche Konzentrate der geforderten Kondition.

Neben Quarz und Montmorillonit treten Staurolith, Disthen, Sillimanit, Andalusit, Turmalin u. a. auf. Als Erzminerale erscheinen Ilmenit, Rutil, Zirkon, Leukoxen, Anatas, Chromit. Maximalgehalte von Zirkon treten in der Fraktion 0,071—0,01 mm auf. Die höchsten Gehalte an Erzmineralien sind an Sande mit muldenartiger Schichtung gebunden. Es wurden durchschnittliche TiO_2-Gehalte von 2,24—5,0% gefunden. Harlass

Gundlach, H. & W. Thormann

Versuch einer Deutung der Entstehung von Wolfram- und Zinnlagerstätten

„Dtsch. Geol. Ges.", Bd. 112 (1960), S. 1—35

Eine Diskussion der bisher bekannten Daten über Flüchtigkeit und Löslichkeit der W- und Sn-Verbindungen gestattet eine Deutung der Entstehung von pneumatolytischen und hochthermalen Lagerstätten dieser Elemente, einschließlich des Transportes von W und Sn vom Pluton bis zum Absatzort. Die in den hydrothermalen Lagerstätten vorkommenden Metalle verlangen einen Transport in Form von Lösungen. Die Möglichkeiten der Beschaffenheit solcher Lösungen werden erörtert; je nach Dauer der pneumatolytischen Phase, Nebengestein und Lösungsinhalt können sie sauer oder alkalisch gewesen sein.

Für den Transport des W unterhalb des kathathermalen Bereichs wird die Möglichkeit der Bildung von Si—W-Heteropolysäuren zur Diskussion gestellt. Diese Verbindungen ermöglichen einen Transport des W in saurer Lösung auch bei Anwesenheit von Fe, Mn und Ca; Neutralisation der Lösungen bringt dann die Erze zur Ausfällung.

Die gefundenen Gesetzmäßigkeiten werden am Beispiel verschiedener Lagerstätten erläutert, wobei besondere Aufmerksamkeit auf die um die bolivianischen Granite zonar angeordneten Lagerstätten gerichtet wird. Zahlreiche Tabellen und Abbildungen ergänzen die Ausführungen. Dressel

Powilaitis, M. M.

Feldspatisierungen im Erzfeld des Granitmassivs von Kuu (Zentralkasachstan)

„Geologija rudnych mestoroshdenij", H. 2, 1961, S. 66—78

Das oberpaläozoische Massiv der leukokraten Granite von Kuu, die sich in den nördlichen Teilen der Wüste von Bet-Pak-Dala befinden, entstanden im Ergebnis mehrerer Phasen. Mit ihnen sind Wolframit-Quarz-Lagerstätten genetisch verbunden. Bei der Untersuchung dieser Lagerstätten stellte der Verf. im Massiv Feldspatisierungszonen fest und konnte die Besonderheiten ihrer Verteilung in Graniten, Greisen und Gangquarzen klären. Einige dieser Zonen wurden früher irrtümlich als in der letzten intrusiven Phase selbständig entstandene Syenitkörper angesehen.

Der Verf. stellte für die einzelnen Mineralbildungen folgende Altersfolge fest:

a) grob- und mittelkörnige Porphyroidgranite;

b) feinkörnige, gangförmige Granite und Aplite einer „Pegmatoid-Fazies", die vor der eigentlichen Vererzung entstanden;

c) breite und N—S streichende Quarzgänge mit Wolframit, Zinnstein und Molybdänglanz, die von Quarz-Glimmer-Greisen begleitet werden;

d) mikroskopisch vererzte feinkörnige Granit- und Aplitgänge wie auch Granit-Porphyr-Körper;

e) N—S streichende Trümer mit Quarz und Molybdän, die gemeinsam mit Glimmer-Quarz-Greisen verbunden sind;

f) metasomatische Feldspatgesteine;

g) monomineralische Glimmergesteine.

Den Hauptgegenstand der Untersuchungen bilden naturgemäß die feldspatisierten Gesteine. Quantitative Mineralberechnungen und mikroskopische Untersuchungen zeugen davon, daß die Feldspäte des Ausgangsgesteins stabil blieben, während der Quarz zum großen Teil von Mikroklin und Albit ersetzt und teilweise gelöst wurde.

Daraus folgt, daß K, Na und Al zu- und Si weggeführt wurden. Da außer Feldspäten und gelegentlichen geringen Glimmermengen keinerlei andere Neubildungen vorkommen, nimmt der Verf. an, daß Al in diesen Lösungen in Form der gut löslichen K-Aluminate und zum geringen Teil auch als Na-Aluminat transportiert wurde. Die Lösungen enthielten offensichtlich Alkalien im Überfluß.

Quantitativer Stoffbestand der Granite und ihrer Umwandlungsprodukte (in Vol.-%)

Mineral	grob-körniger Granit	Glimmer-Quarz-Greisen d. grobkörn. Granits	Feldspatgestein in Greisen	Feldspatgestein in grobkörn. Granit	feinkörn. Granit	Feldspatgestein in mittelkörn. Granit
Quarz	41,00	78,4	5,4	1,8	32,7	0,5
Mikroklin	35,4	0,9	73,2	57,7	21,7	46,5
Plagioklas	20,7	0,0	8,5	29,3	42,7	52,4
Glimmer	2,6	16,4	4,6	10,6	2,8	0,2
Topas	0,3 (Topas, Fluorit, Erz)	3,9	7,5	0,1	0,0	0,4 (Topas, Fluorit, Erz)
Fluorit		0,0	0,8	0,5	0,0	
Erz		0,4	0,0	0,0	0,1	

Nach der mikroskopischen Untersuchung stellen die beschriebenen Gesteine keine normalen Granite dar, sondern wurden durch Feldspatisierung von Graniten, Greisen und Quarzgängen infolge Einwirkung spätmagmatischer alkalischer (K-Na-)Lösungen gebildet.

Eine nachträgliche Feldspatisierung wird auch von anderen Wolframlagerstätten der Sowjetunion erwähnt, wo sie mit der Vergreisung der benachbarten Granodiorite verbunden ist. Zeit und Form ihres Auftretens sind unterschiedlich. In den Massiven von Kuu und Bukuku (Transbaikalien) sowie im Massiv von Kent (Zentralkasachstan) sind sie zweifelsohne an die spätmagmatischen Prozesse gebunden. Die genannten Massive besitzen eine deutliche oder zumindest potentielle Wolframführung. Die Feldspatisierung ist wahrscheinlich mit der Vererzung verbunden und kann deshalb als zusätzliches Erkundungsmerkmal für die Molybdän-Wolfram-Vererzung dienen. Gleichzeitig muß man darauf hinweisen, daß Molybdänglanz in den Feldspatisierungszonen zu Powellit umgewandelt wurde. Das ist wichtig, da in den benachbarten Gebieten der Gangkörper und Greisen Molybdänglanz restlos gelöst wurde, derartige Bereiche lassen sich aber nur schwer erkennen.

Nach seinen Untersuchungsergebnissen nennt der Verf. für die feldspatisierten Gesteine folgende Charakteristika:

1. undeutliche, verschwommene Begrenzungen der Feldspatgesteine;

2. die Bildung erfolgt an den zu verschiedenen Intrusionsphasen gehörenden Granitoidkontakten;

3. gleiche Strukturen der Feldspatgesteine in den einzelnen Vorkommen bei ähnlichen Grenzen zu den Granitoiden;
4. Abhängigkeit des Gehaltes an Mikroklin vom Quarzgehalt;
5. gleicher Akzessorienbestand in den Feldspat- und Granitoidgesteinen;
6. fast vollständiges Fehlen von melanokraten Gemengteilen. H. Schulz

Shuchowitzki, S. J.

Regulierung der Spülungswerte

Gostoptechisdat, Moskau 1960

Der Verfasser stellt in diesem Buch die chemische Spülungsbehandlung systematisch zusammen und gibt Empfehlungen für eine leichte Auswahl der Rezepturen bei konkreten Bedingungen, um das wirksamste Erreichen der erforderlichen Spülungsqualitäten zu gewährleisten. Ausgehend von den grundlegenden Spülungsmessungen, wie Viskosität, Dichte, Wasserabgabe und statischer Schubspannung, werden die chemischen Reagentien zur Regulierung der Meßwerte beschrieben. Kohlenalkalische Lösung (KAL), Sulfitspritablauge (SSA), Carboxylmethylzellulose (CMC), Stärke, kalzinierte Soda, Natriumhexametaphosphat, gelöschter Kalk $Ca(OH)_2$, Gips ($CaSO_4$) und Wasserglas sind die hier beschriebenen Chemikalien, an die besondere Anforderungen gestellt werden, damit eine Beeinflussung der Spülung und ihrer Meßwerte möglich wird.

Durch die Konstruktion und Herstellung eines neuartigen Universal-Rotationsviskosimeters können Fragen der Koagulation und die Ursachen für das Abweichen der Spülungseigenschaften von den geforderten Werten behandelt werden.

Die Behandlung der beschwerten Spülung mit KAL und die Entwicklung der kalkbehandelten Spülungen auf den Krasnodarer Erdölstrukturen ist mit diesem Gerät möglich, so daß als Ergebnis praktische Rezepturen angegeben werden. Umrechnungsformeln vom Feldviskosimeter SPW—5 zur strukturellen Viskosität und zur dynamischen Schubspannung mittels der theoretischen Viskosität werden angegeben.

Auch die Tiefbohrspülungen und ihre Beeinflussung durch erbohrten Ton, Druck und Temperatur finden in einem gesonderten Abschnitt Beachtung. Es wird auf die Anforderungen an ein Beschwerungsmittel eingegangen, um die Einhaltung des spezifischen Gewichtes zu gewährleisten. Durch eine Auswahl von Spülungsrezepturen und durch die Zusammenstellung der chemischen Analysen, die für ein Bohrfeldlaboratorium notwendig sind, gibt das Buch dem Spülungsingenieur viele praktische Hinweise für seine Arbeit auf dem Bohrfeld. Solotarjowa/Heyne

Hoyer, W. A.

Induced Nuclear Reaction Logging

„Journ. of Petrol. Technol.", Dallas, Jg. 13 (1961), Nr. 8, S. 797—802

Die Arbeit befaßt sich hauptsächlich mit den praktischen Ergebnissen γ-spektrometrischer Bohrlochmessungen. Wie bekannt, werden beim Einfang thermischer Neutronen sekundäre γ-Strahlen ausgesandt, die unterschiedliche Energie haben, je nach dem einfangenden Element. Mittels Analyse des Energiespektrums kann man damit einige Elemente, wie H, Cl, S, unterscheiden. Für andere Elemente ist jedoch der Reaktionsquerschnitt bei diesem Prozeß zu gering. Die γ-Spektrometrie ging daher zu Neutronenquellen sehr hoher Energie und impulsförmiger Ausstrahlung über. Es sind die bekannten Neutronenbeschleuniger, in denen Deuterium-Ionen in einem starken elektrischen Feld von 100 kV beschleunigt und auf Tritium-Ionen geschleudert werden, die nunmehr Neutronen mit einer Energie von 14 MeV aussenden. Die Deuterium-Ionen werden in Paketen ausgeschickt, so daß eine Impulsfolge von 1000 bis 5000 pro s möglich ist. Kommt es bei diesen hohen Energien zu unelastischen Zusammenstößen mit anderen Kernen, dann dringt das Neutron in den Kern ein, der damit Energiezuwachs bekommt und durch sofortige ($\sim 10^{-7}$ s) Aussendung von γ-Strahlen einen energetisch stabilen Zustand anstrebt. Die ausgesandten Gammaquanten haben eine Energie, die für den betreffenden Kern typisch ist. Die Abbremsung der Neutronen durch elastische Zusammenstöße zu thermischen Neutronen ist ein wesentlich langsamerer Vorgang, der 10^{-6} bis 10^{-3} s braucht. Es ist also möglich, durch entsprechende Verstärkeröffnungszeiten nur die γ-Strahlen aus den unelastischen Zusammenstößen zu registrieren. Damit bekommt man quantitative Werte für den Gehalt an Ca, C, O. Man stellt den Diskriminator, der immer nur ein einstellbares Energieband durchläßt, hintereinander auf verschiedene Energiestufen ein und erhält Energiespitzen für die einzelnen Kernreaktionen in einem Diagramm, das die Abhängigkeit der Energie von der relativen Zahl der Gammastrahlen zeigt. Da jedoch im Bohrloch bei den vielen verschiedenen Kernarten Überschneidungen der Energiespitzen auftreten, werden die Kurven oft sehr verwaschen. Es hat sich aber in der Praxis eine gute Auswertemöglichkeit ergeben, wenn man in dem genannten Diagramm bei den für die gesuchten Elemente zuständigen Energien (C: 3,5; 4 und 4,5 MeV; O: 5 MeV) die Amplituden abgreift und halblogarithmisch aufträgt (Abb.).

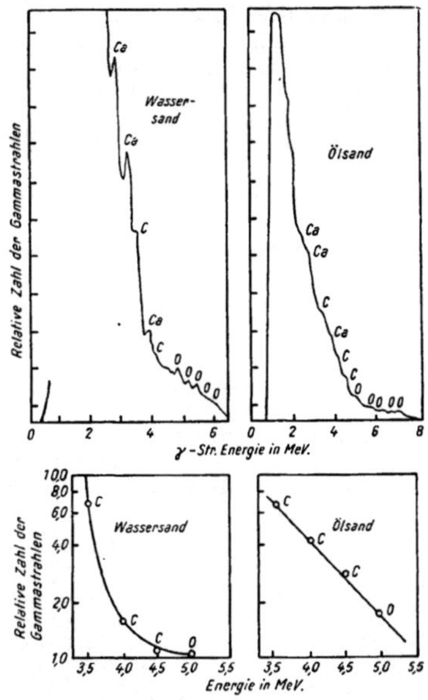

Die gewonnenen Kurven lassen Öl- und Wasserführung klar unterscheiden und geben auch ein quantitatives Maß für die Ölsättigung im Gestein. Meinhold

Michel, G.

Hydrogeologie des Weißelsterbeckens

Freiberger Forschungshefte, C 94, Akademie-Verlag, Berlin 1960. — 127 S., 22 Abb., 53 Tab.

Der von Meyer 1951 geprägte Begriff „Weißelsterbecken" umfaßt das gesamte braunkohleführende Gebiet der ehem. Reviere Zeitz, Meuselwitz und Borna. Michel bearbeitete im wesentlichen den Kernteil des Beckens, der hydrogeologisch vielfältig und daher äußerst interessant sowie recht ergiebig ist. Anhand des vor allem aus Braunkohlenbohrungen erzielten umfangreichen Materials zeichnete Verf. recht anschauliche Karten über die Verbreitung und Mächtigkeit der einzelnen Grundwasserleiter und beschreibt diese eingehend. Eine geologische Profilkarte gibt die Lagerungsverhältnisse im Becken wieder. Wichtig und interessant sind auch die Erläuterungen der hydrochemischen Verhältnisse, besonders im Hinblick auf die Verhärtung der Grundwässer in den tieferen tertiären Grundwasserleitern durch die darunterliegenden leicht löslichen Zechsteinsedimente. Auch eine farbige hydrochemische Übersichtskarte ist beigegeben, auf der Härte, aggressives CO_2, Eisen und Phenolverseuchung dargestellt sind. Diese Karte ist jedoch nur als teilweise brauchbar zu bezeichnen, da bei der Darstellung nicht auf die einzelnen Stockwerke Bezug genommen wird. Als Zusammenfassung wird eine Grundwasserhöffigkeitskarte im Maßstab 1:100000 gezeigt, die in Anlehnung an Grahmann (Hydrogeologische Übersichtskarten 1:500000 Westdeutschlands) jedoch stark vereinfacht, entwickelt wurde. Die so gezeigten Höffigkeiten, abgestuft als täglich gewinnbare Wassermengen, stehen in keinem Verhältnis zu den bereits genutzten Grundwasservorräten oder zur Größe des Grundwassereinzugsgebietes und der Grundwassererneuerung.

Vermißt wird eine kartenmäßige Darstellung der Grundwassereinzugsgebiete bzw. der Grundwasserscheiden und -strömungsrichtungen nebst Absenkungstrichtern der Tagebaue; dazu schreibt Verf. jedoch: „Für hydrologische Berechnungen müssen das weitere Einzugsgebiet und die Abgrenzung der Abflußgebiete mit Hilfe der unterirdischen Wasserscheiden festgestellt werden. Jedoch kann man von geologischer Seite gerade bei dem Vorhandensein mehrerer Grundwasserstockwerke oder größerer Verwerfungszonen nur mit Vorbehalten diesem schwierigen Unterfangen einer mengenmäßigen Erfassung sämtlichen vorhandenen Grundwassers zustimmen."

Aber gerade dem Geologen oder dem Hydrogeologen obliegt die Ausweisung der Grundwasserscheiden, besonders in Gebieten, deren geologischer Aufbau dem des Weißelsterbeckens ähnlich ist. Ebenso fehlt eine Bilanzierung der Grundwasservorräte des Weißelsterbeckens. Abschließend sei zu erwähnen, daß HOPPE in H. 2/61 der wissenschaftlichen Zeitschrift der Hochschule für Architektur und Bauwesen, Weimar, unter dem Titel ,,Hydrogeologische Karten des Weißelsterbeckens" die wichtigsten Karten der MICHELschen Arbeit nochmals veröffentlicht und daneben eine kurze, sehr gute Zusammenfassung der besprochenen Arbeit gibt.

ZIESCHANG

KLENGEL, K. J.

Beiträge zur Kenntnis des bodenphysikalischen Verhaltens pleistozäner Lockergesteine unter Berücksichtigung der Bedeutung für die geologische und ingenieurgeologische Praxis

Freiberger Forschungshefte, C. 104, Akademie-Verlag, Berlin 1961. — 181 S., 87 Abb., 14 Tab.; 19,50 DM

Der Arbeit liegen die Untersuchungsergebnisse von zwei Gebieten zugrunde. Es handelt sich einmal um die pleistozänen Gesteine an der Steilküste des Großen und Kleinen Klütz-Höved und zum anderen um den Geschiebemergel im Bereich des früheren Altenburger Eisenbahntunnels.

Die Ergebnisse der Arbeit werden in drei Hauptkapiteln, die sehr übersichtlich geordnet sind, dargelegt, so daß das Heft nicht nur eine gute Zusammenstellung bietet, sondern auch als Nachschlagewerk für eine schnelle Orientierung geeignet ist.

Im ersten Abschnitt der Arbeit wird eine Übersicht über das Untersuchungsgebiet und die Arbeitsgänge gegeben. Für die Untersuchungen standen aus dem Küstengebiet gestörte und ungestörte Proben aus Handstutzen zur Verfügung, während aus dem Altenburger Gebiet gestörte und ungestörte Proben aus Bohrungen entnommen wurden.

Bei der Erläuterung der Methoden der Laboruntersuchungen wird kurz auf die Problematik eingegangen. Dagegen vermißt man in dem Abschnitt 1.4 eine Auseinandersetzung mit den verschiedenen Bezeichnungen für Lockergesteine (z. B. feste, nichtbindige Lockergesteine).

Der zweite Abschnitt beschäftigt sich mit den Ergebnissen der petrographischen, mineral-chemischen und bodenphysikalischen Untersuchungen. Die Kennwerte jedes Gesteins sind in zahlreichen graphischen Darstellungen und zusammenfassenden Tabellen zur Kenntnis gebracht, woraus sehr schnell die Mittelwerte und die Schwankungsbereiche abgelesen werden können.

Wichtig für den Ingenieurgeologen ist insbesondere der dritte Abschnitt, der sich mit der praktischen Anwendung der bodenphysikalischen Erkenntnisse befaßt. Hier werden zuerst die Zusammenhänge der bodenphysikalischen Untersuchungsergebnisse untereinander und dann mit den mineralogischen diskutiert. Der Versuch, mit Hilfe der bodenphysikalischen Kennwerte Rückschlüsse auf die Stratigraphie der Schichten und auf die geologische Entwicklung der Gesteine zu ziehen, zeigt auf, daß die sogenannten Bodenkennwerte in enger Abhängigkeit von der Entwicklung jedes Gesteins zu sehen sind. Dies wird insbesondere dadurch deutlich, daß der Geschiebemergel vom Kleinen und Großen Klütz-Höved eine enge Verwandtschaft zum Dänischen Geschiebemergel zeigt, während sich z. B. der Geschiebemergel der Elster-Eiszeit bei Altenburg davon erheblich unterscheidet.

Interessant sind auch die Bemerkungen über die Vorbelastung des Geschiebemergels auf Grund einer früheren Eisauflast. Die Ergebnisse aus dem Gebiet des Klütz lassen erkennen, mit welchen Unsicherheitsfaktoren derartige Bestimmungen behaftet sind.

Die übrigen Kapitel dieses Absatzes befassen sich mit ingenieurgeologischen Fragen, die besonders den Sicherheitsmaßnahmen gegen den Abtrag der Küste gewidmet sind.

Insgesamt gesehen stellt die Arbeit eine sehr schöne Zusammenstellung der wichtigsten Bodenkennwerte für pleistozäne Gesteine dar, deren es leider noch viel zu wenige gibt. Eine systematische Zusammenstellung auch für andere im Gebiet der DDR vorkommende Gesteine würde eine wertvolle Hilfe für die weitere ingenieurgeologische Arbeit sein. Die vorliegenden Ausführungen zeigen einen Weg auf, wie man in dieser Richtung weiterarbeiten sollte.

REUTER

KRYLOW, A. J., A. P. LISIZYN & I. A. SILIN

Das K/Ar-Verhältnis von Ozeanschlämmen

Isw. Akad. Nauk SSSR, Serie Geologie, Nr. 3, S. 87—100, 1961

Das K/Ar-Verhältnis von 50 Proben aus verschiedenen Teilen der Weltmeere wurde untersucht. Die Proben wurden von den geologischen Gruppen der antarktischen Meeresexpedition und des Expeditionsschiffes ,,Witjas" genommen. Sie stammen aus verschiedenen klimatischen Zonen der Erde, aus Tiefen bis zu 5000 m und aus den verschiedensten geologischen, hydrochemischen und hydrologischen Verhältnissen.

1. Radiogenes Argon bleibt vollkommen oder fast vollkommen in kleinsten Teilchen (bis $<0{,}001$ mm) von Feldspat und Glimmer erhalten, die in der Mehrheit der Tone und Schlämme vorkommen.
2. Eine Adsorption von Kalium aus ozeanischen Wässern in die Schlämme wurde nicht beobachtet. Die überwiegende K-Menge der Schlämme findet sich in deren terrigenen Resten (K-Feldspat, Glimmer usw.) oder in Glaukoniten und Produkten des submarinen Vulkanismus.
3. Man kann daraus schließen, daß der größte Teil der ozeanischen Schlämme zur Bestimmung des absoluten Alters ihrer Ausgangsgesteine verwendet werden kann (K/Ar-Methode). Dadurch kann eine Reihe von Fragen der Meeresgeologie und Paläogeographie entschieden werden.
4. Die Altersbestimmungen zeigten folgende vorläufigen Ergebnisse.

An der Küste der östlichen Antarktis ist das Alter des terrigenen Schlammanteils gleich dem Alter der typischen Ufergesteine. In der westlichen Antarktis, die mehr jüngere Gesteine enthält, sind dementsprechend auch die Schlämme jünger. Eine völlige Altersübereinstimmung konnte nicht erzielt werden, da die Eisberge das terrigene Material vermengen und über weite Strecken verfrachten. Das ungefähre Alter der Gesteine beträgt in der östlichen Antarktis 500 bis 700 Millionen Jahre und das der westlichen Antarktis 200 bis 300 Millionen Jahre.

Absolutes Alter des terrigenen Anteils verschiedener Schlammbildungen

Tiefe m	Entfernung vom Ufer, km	Entnahmepunkt des Schlammes	K, in %	Ar^{40} $\frac{cm^3}{g} \cdot 10^{-5}$	Alter, in Mill. Jahren
		I. Eisbergsedimente der Antarktis			
		a) Indischer Ozean			
2869	56	nördl. von Königin-Maud-Land	2,47	3,56	345±50
934	150	,, ,,	1,80	2,18	295±35
187	75	Nördl. von McRobertson-Land	1,14	3,62	690±70
		b) Stiller Ozean			
2641	75	Gebiet der Balleny-Inseln	2,00	1,62	200±100
523		Insel Scott	2,48	0,38	40±20
		II. Diatomeen-Sedimente (Indischer Ozean)			
264	110	Heard-Inseln	2,81	0	0
4400	890	Shackleton-Schelfeis	1,38	2,27	390±390
		III. Foraminiferen-Sedimente (Indischer Ozean)			
1808	185	Südafrika	1,85	1,38	190±10
4512	1100	Sumatra	1,05	0,65	155±80
		IV. Terrigene Schlämme			
2230	330	Golf von Bengalen	2,70	2,79	255±15
5136	330	Somaliland/Afrika	1,10	3,41	680±50
90	220	Beringmeer	1,85	0,40	50±40

Die Tiefseetone des Stillen Ozeans (ihr terrigener Teil) sind noch jünger (150 Mill. Jahre), da der Stille Ozean von jungen tekto-magmatischen Provinzen umgeben ist.

Die Proben der ostafrikanischen Küste zeigen ein relativ hohes Alter an, das bei der Verbreitung von präkambrischen Gesteinen in Afrika auch verständlich ist (680 Mill. Jahre).

Der terrigene Schlammanteil aus dem Golf von Bengalen ist jünger als der der antarktischen und afrikanischen Küste im Indischen Ozean. Vermutlich liegt hier eine Zufuhr vom Ganges aus relativ jungtektonischen Gebieten vor (255 bis 140 Mill. Jahre).

Das Material von den Inseln Heard und Kerguelen (australisches Südpolarbecken) zeigt auf Grund rezenten Vulkanismus auch ein entsprechendes Alter.

5. Zahlreiche Schlammtypen der Ozeane (auch sandige und kieselige Ablagerungen) sind gute Untersuchungsobjekte zur absoluten Altersbestimmung der Ausgangsgesteine. Weniger günstig sind für diese Zwecke Schlämme, die reichlich organische Beimengungen, Glaukonit und Produkte des rezenten Vulkanismus enthalten. W. BEYER

RAUS, O.

Sowjetunion

(Politisch-ökonomisch-geographische Übersicht)

Verl. Die Wirtschaft, Berlin 1960. — 238 S., 32 Anl., 25 Tab., 7 Übersichtskarten; 7,50 DM

Eine Arbeitsgruppe für politische und ökonomische Geographie an der Parteihochschule „Karl Marx" beim Zentralkomitee der SED hat diese Broschüre herausgebracht. Nach den Ausführungen im Vorwort machte sich der Mangel an Kenntnissen politisch-geographischer Tatsachen der Sowjetunion schon im täglichen Leben deutlich bemerkbar. Die vorliegende Publikation ist allein schon aus diesem Grunde notwendig geworden. Sie ist es aber auch für anspruchsvolle Leser und Wissenschaftler, die sich anhand von kurzen Tabellen, zusammengedrängten Übersichten und generalisierenden Karten über Probleme der Standortverteilung in der industriellen Entwicklung der Sowjetunion orientieren wollen. Für den Bereich unserer Wissenschaft sind vor allem die Kapitel geographischer Verbreitung der Objekte der Energiewirtschaft (Kohle, Erdöl, Gas und Elektroenergie) beachtenswert.

Der Abschluß der redaktionellen Arbeit wird mit dem 31. 10. 1960 angegeben. Obgleich demnach diese Veröffentlichung die großen perspektivischen Unterlagen des XXII. Parteitages nicht einbeziehen konnte, führt sie alle aktuellen, wissenswerten Probleme übersichtlich vor Augen, die bereits auf dem XXI. Parteitag verbindlich festgelegt wurden. KAUTER

FREYTAG, S.

Westdeutschland

(Politisch-ökonomisch-geographische Übersicht)

Verl. Die Wirtschaft, Berlin 1961. — 109 S., 16 Tab., 4 Übersichtskarten; 4,60 DM

Nach der politisch-ökonomisch-geographischen Übersicht der Sowjetunion brachte der gleiche Verlag eine ähnliche Arbeit über Westdeutschland heraus. Auch hier dient das vorliegende Material einer ersten Orientierung besonders über die Standortverteilung von Industrie und Wirtschaft. Dies gilt vor allem für die Grundstoffindustrien auf der Basis der Steinkohle und des Erdöls. Neben der Metallurgie, die ihrer Bedeutung entsprechend Erwähnung findet, wird erstmalig die Entwicklung der Atomenergie in Westdeutschland in einem kurzen Abriß behandelt. Ein Überblick über die Lage der einzelnen Länder schließt die kleine Broschüre ab. KAUTER

RAUS, O. & S. FREYTAG

Deutsche Demokratische Republik

(Politisch-ökonomisch-geographische Übersicht)

Verl. Die Wirtschaft, Berlin 1961. — 175 S., 7 Tab., 15 Lagepläne, 4 Übersichtskarten; 6,30 DM

Dieser dritte Band der Publikationsreihe behandelt die Deutsche Demokratische Republik. Im thematischen Aufbau ist die Arbeit den beiden vorhergegangenen (O. RAUS — Sowjetunion, S. FREYTAG — Westdeutschland) angeglichen. Auch hier dient die Zusammenstellung einer ersten grundsätzlichen Orientierung über die Rohstofflage und die Standortverteilung der Industrie. Die wichtigsten Bodenschätze: Brennstoffe, Erze, Salze u. a., werden neben dem Wasserhaushalt zunächst zusammengefaßt erwähnt, später aber auf Bezirksebene noch einmal eingehender aufgeführt. Die beigegebenen Karten verdeutlichen die Einzelheiten der Ausführungen. Der besondere Nachdruck dieser Veröffentlichung liegt in den wiederholten Hinweisen auf den Aufbau der sozialistischen Ökonomie, die im Gegensatz steht zur ehemaligen kapitalistischen Produktion in ganz Deutschland, die heute in Westdeutschland noch ihre Fortsetzung findet. Aus diesem Grunde ist diese kurze, übersichtliche Zusammenfassung in vorliegender Form auch für den Fachmann lesenswert. KAUTER

Neuerscheinungen und Literaturhinweise

Autorenkollektiv

Die Gesetzmäßigkeiten der Lagerstättenverteilung in den Tafeldecken

Verlag AN Ukr. SSR, Kiew 1960. — 193 S.

Autorenkollektiv

Die Metallogenie der präkambrischen Schilde und mobilen Zonen

Verlag AN Ukr. SSR, Kiew 1960. — 261 S.

POWILAJSTIZ, M. M.

Grundzüge der Mineralogie der Dshidinsker Molybdän-Wolfram-Lagerstätte

Verlag AN SSSR, Moskau 1960. — 166 S.

KONSTANTINOW, M. M.

Die Uranprovinzen des Auslandes

Atomisdat, Moskau 1960. — 306 S.

Nachrichten und Informationen

Erdöl/Erdgas

Erdölförderung in Westeuropa

Der Erdölverbrauch Westeuropas ist nach dem der USA der größte der Welt, wobei rd. die Hälfte auf die sechs EWG-Länder entfällt. Diese haben ihren Konsum von 1950 bis 1958 mit 63,7 Mill. t gegen 21,7 Mill. t verdreifacht. Die Eigenproduktion dieser Länder bleibt hinter dem Bedarf weit zurück, sie betrug 1958 8,8 Mill. t und 1959 10,0 Mill. t. Im kapitalistischen Westeuropa betrug die Produktion in den genannten Jahren 12,3 und 13,2 Mill. t. Die westdeutschen Ölfelder lieferten 1959 mit rd. 5,1 Mill. t. 15,1% mehr Erdöl als im Vorjahr. Daran waren Hannover mit 36,6%, das Emsland mit 26,5%, das Weser-Ems-Gebiet mit 22,4%, Holstein-Hamburg mit 8,8%, das Oberrheintal mit 3,5% und das Alpenvorland mit 2,2% beteiligt. Hannover verdankt seinen Vorsprung den Feldern von Hänigsen und Gifhorn, die weiter erschlossen wurden. Frankreich produzierte 1959 1,62 Mill. t, wovon der größte Teil auf das 1954 entdeckte Vorkommen von Parentis entfiel. Italien fördert jetzt jährlich 1,6 Mill. t (gegen nur 0,5 Mill. t 1959) auf Grund der 1954 bei Ragusa (Sizilien) entdeckten Felder. Man erhofft dort in wenigen Jahren eine Jahresproduktion von 4 Mill. t. Einstweilen werden die beiden Länder noch von den Niederlanden mit 1,8 Mill. t (1959) übertroffen, wovon 90% aus dem 1944 entdeckten Feld Schoonebeck stammen, dem größten geschlossenen Ölfeld Westeuropas. Nur 14% des Bedarfs der EWG-Länder wird durch Eigenproduktion gedeckt. Ha.

Westdeutschlands Erdölproduktion 1961

Die Prognosen für die Erdölproduktion des Jahres 1961 lauteten auf 6,35 Mill. t. Diese Menge ist mit den tatsächlich geförderten 6,2 Mill. t zwar nicht ganz erreicht worden; dennoch drückt diese Zahl eine beachtliche Leistung aus. Sie bedeutet eine Steigerung der Erdölproduktion gegenüber dem Jahre 1961 um 12,2%, während das Jahr davor nur eine Zuwachsrate von 8,4% brachte.

Den größten Anteil an der beachtenswerten Steigerung der Produktion hatten sowohl Neuentdeckungen, wie vor allem aber auch die systematische Anwendung von Sekundärmethoden in der Form von Wasserfluten und Gaslift.

Im einzelnen förderten das Weser-Ems-Gebiet 251000 t, das Emsland 185000 t mehr als im Vorjahr. In ersterem fiel der Hauptanteil des Zuwachses auf das 1958 neuentdeckte Feld Bramhar-Wettrup, das insgesamt 154000 t Öl mehr lieferte als im Vorjahr. Im Emsland erhöhte die alte Lagerstätte Georgsdorf ihren Anteil um 86000 t.

Auch in diesem Produktionsjahr lag die prozentual größte Steigerung im Gebiet Holstein mit 23,6%. Hier förderte das Feld Plön-Ost 76000 t mehr als 1960. Der Produktionsbereich bei Reitbrook erhöhte im gleichen Zeitraum seine Förderung um 60000 t.

Im alten hannoverschen Bezirk überboten zwar die Felder Hankensbüttel, Meckelfeld und Vorhop-Knesebeck ihre Vorjahrsproduktion. Insgesamt aber wurde ihr Vorsprung ausgeglichen durch die allmähliche Erschöpfung einiger anderer älterer Ölfelder dieses Bezirkes.

Die Produktion in den übrigen Erdölbezirken Westdeutschlands: Rheintal und Alpenvorland zeigt gegenüber dem Vorjahr keine wesentlichen Veränderungen.

Die Erdgas- und Erdölgasproduktion lag 1961 bei über 700 Mill. m³. Eine weitere Steigerung hängt nach wie vor ab von dem Bau und der Inbetriebnahme neuer Erdgasleitungen.

—K—

Halbinsel Mangyschlak — zukünftiges Erdgas- und Erdölrevier der SU

Auf der Halbinsel Mangyschlak in der Kasachischen SSR wurden in der relativ geringen Teufe von ca. 1200 m neue große Erdölvorkommen entdeckt. Sie befinden sich in nur etwa 150 km Entfernung von der Küste des Kaspischen Meeres.

In demselben Gebiet der Halbinsel wurden in etwa 1000 m Teufe bereits erdgashöffige Schichten aufgefunden. Im Unterschied zum Auftreten und den Lagerungsverhältnissen der erdgas- und erdölführenden Schichten im Wolga-Erdölgebiet liegen die Vorkommen an Erdgas und Erdöl auf der Halbinsel Mangyschlak sozusagen in mehreren Stockwerken übereinander auf einem verhältnismäßig engen Raum.

Wie der Erste Stellvertreter des Ministers für Geologie und Bodenschätze Kasachstans, WASSILI MJAGKOW, kürzlich erklärte, kann sich die Halbinsel Mangyschlak in den nächsten Jahren zu einem der größten Erdöl- und Erdgasreviere der Sowjetunion entwickeln.

He.

Frankreichs Erdöl- und Erdgasproduktion 1961

Frankreich erzielte 1961, dank seiner Besitzungen in Algerien, eine Rekordproduktion in Erdöl und Erdgas. Waren es 1960 insgesamt 11,4 Mill. t Erdöl, so konnten durch eine Intensivierung der Produktion in der Sahara im abgelaufenen Jahre rund 19 Mill. t gefördert werden. Mit dieser Menge wurde die Hälfte des gesamten französischen Mineralölbedarfs gedeckt. 8,5 Mill. t stammten aus den Feldern von Hassi-Messaoud und 7,6 Mill. t von den Feldern Zarzaitine-Edschele.

Die Erdgasproduktion stieg 1961 auf 5,7 Mrd. m³ an, gegenüber 4,1 Mrd. m³ im Vorjahr.

—K—

Neue Gasvorkommen in Italien

Ein neues großes Erdgasvorkommen wurde kürzlich bei Cupello in der Provinz Chieti zwischen den Abruzzen und der Adria entdeckt. Man rechnet mit einer Förderung von 2 Mill. m³ Erdgas pro Tag.

Auch auf Sizilien und unter dem Meeresspiegel der Adria, auf der Höhe von Cesenatico, sind neue Erdgasfelder entdeckt worden. He.

Erdöl in Ecuador

Die bedeutendsten Erdölvorkommen der Republik Ecuador finden sich auf der Halbinsel Santa Elena, westlich und nordwestlich der Hafenstadt Guayaquil. Bis Ende 1960 wurden dort 1703 fündige Bohrungen niedergebracht, die aus den tertiären Horizonten des Atlantasandsteins und des Socorrosandsteins fördern. Die Gesamtförderung betrug 1960 443600 t Rohöl und lag somit um etwa 4800 t niedriger als im Jahre zuvor. Der größte Erdölproduzent ist die Anglo-Ecuadorian-Oilfields Ltd. In deren Raffinerie und in der Topping-Anlage der Tennessee-Gas-Transmission-Co. wurde ein Tagesdurchsatz von 1800 t erzielt.

—K—

Erdöl im Golf von Suez

Vor der Westküste der Halbinsel Sinai im Golf von Suez wurde in 2400 m Tiefe ein Erdölvorkommen entdeckt. Die Unterwasserbohrungen stießen auf ein Öl, das dem des Persischen Golfs gleichwertig sein soll. Die Bohrung liefert bereits 300 m³ täglich. Das Vorkommen wird auf 40 Mill. t geschätzt. Es ergänzt das auf 150 bis 200 Mill. t geschätzte, 1955 entdeckte Vorkommen von Balayim, das bisher 1,8 Mill. t jährlich erbrachte, jedoch nur 15% der Ölreserven Ägyptens ausmacht. Die Gesamtproduktion Ägyptens betrug 1960 3,35 Mill. t Rohöl. Der Verbrauch von Erdölprodukten belief sich auf 4,75 Mill. t. Ha.

Erdgasfunde auf Neuseeland

Nach langem Suchen wurden am Fuße des Mont Egmont bei Kapuni (Provinz Taranaki), an der Westspitze der Nordinsel von Neuseeland, reiche Erdgasvorkommen entdeckt. Es wird angenommen, daß aus den Feldern von Kapuni täglich 2,8 Mill. m³ Erdgas gewonnen werden können. Mit dem daraus erzeugten Leichtöl hofft man, ein Viertel des gesamten neuseeländischen Ölbedarfs zu decken.

Die Entdeckung dieser Erdgaslagerstätten auf der Nordinsel stellt die gesamte Energiewirtschaft Neuseelands vor völlig neue Probleme. Bekanntlich stützte sich die Energiewirtschaft der Doppelinsel lediglich auf den Ausbau von Wasserkraftwerken, um die erheblichen Reserven in diesem Lande auszunutzen. Durch die Erdgasfunde kommt ein neuer billiger Energieträger dazu. Um das Erdgas auszunutzen, muß ein Netz von Pipelines geschaffen werden.

Des weiteren braucht Neuseeland jetzt eine Ölraffinerie. Diese ist gegenwärtig im Norden von Auckland, in Whangarei, im Bau.

He.

Kohle

Westdeutsche Steinkohlensorgen

In Westdeutschland türmen sich nicht nur die um 285000 t auf 12,3 Mill. t Kohle und Koks gestiegenen Halden, sondern auch die betriebswirtschaftlichen Sorgen des Steinkohlenbergbaus. Ursache sind die westdeutschen Heizölpreise, die niedrigsten in ganz Westeuropa. Die von 1956 bis 1960 bereits um 9 Mill. t zurückgegangene Steinkohlenförderung muß weiter gedrosselt werden. Auf die Stillegung von 9 großen und 4 kleinen Zechen mit 4,6 Mill. t Förderung sollen weitere 8 Zechen mit 6,3 Mill. t folgen. Die in Süddeutschland im Bau befindlichen Erdölraffinerien, die, wie ein Essener Bericht vermutet, das westdeutsche Heizölangebot um 12 Mill. t jährlich erhöhen werden, sowie das mit dem Eintritt Großbritanniens in die EWG zu erwartende Eindringen englischer Kohle an der Nordseeküste vermindern fernerhin die Absatzchancen. Der für die Steinkohleveredelung verwandte Anteil übertrifft heute bereits den als reine Kohle abgesetzten Anteil der Förderung.

Ha.

Der Steinkohlenbergbau Australiens

Mit 21 Mill. t Steinkohle erreichte der australische Steinkohlenbergbau im Wirtschaftsjahr 1959/60 (30. Juni) einen Förderrekord. Mit Hilfe von mechanischen Bergbaumaschinen konnte die Produktivität erheblich gesteigert werden. 1959 wurden z. B. im Staate Neusüdwales 80% der Förderung mechanisch abgebaut, gegenüber erst 30% im Jahre 1949.

In den letzten Jahren nahm die Steinkohlenförderung Australiens folgende Entwicklung:

	(in 1000 t)
1936—38	11896
1958	20723
1959	20628
1960	22320

He.

Braunkohlenabbau in Südindien aufgenommen

Mit einer geplanten Jahresproduktion von vorläufig 3,5 Mill. t wurde der Braunkohlenabbau bei Neyveli (Madras) im größeren Maßstab begonnen, nachdem die Kohle seit 8 Jahren lediglich zu Versuchszwecken abgebaut wurde. Die Produktion soll stetig ansteigen. Das für Neyveli vorgesehene Wärmekraftwerk, das die geförderte Braunkohle verwenden und dessen Kapazität 250 MW betragen soll, wird in Kürze die Stromerzeugung mit den ersten fertiggestellten Aggregaten aufnehmen. Eine geplante Brikettfabrik soll noch 1962 die Produktion aufnehmen und 1964 eine Kapazität von 380000 t Briketts erreichen.

Das Anlaufen der Braunkohlenproduktion in Neyveli in industriellem Maßstab ist deshalb wichtig, weil dies das bisher einzige Braunkohlenvorkommen in Südindien darstellt. Mit Hilfe der Neyveli-Braunkohle wird es darüber hinaus auch möglich sein, in Südindien ein Stahlwerk zu errichten, das die Eisenerzvorkommen im Gebiet von Salem verwerten kann.

He.

Erze

Die Erze Finnlands

In Kotalahti (Finnland) wurde 1954 eine Nickelerzlagerstätte entdeckt. 1957—1959 wurde dort ein Grubenbetrieb errichtet und Anfang 1960 in den Anlagen der Outokumpu-Gesellschaft in Harjavalta (Südwestfinnland) mit dem Einschmelzen des Nickelkonzentrates begonnen. Die Förderung in Kotalahti, die 1960 rd. 320000 t betrug, stieg 1961 auf 350000 t Nickelerz. Aus den Nickelkonzentraten von Kotalahti (jährlich rd. 50000 t) werden nunmehr in Harjavalta rd. 2000 t Nickel gewonnen, wovon etwa 90% zur Hälfte nach Großbritannien, zur anderen Hälfte nach anderen europäischen Ländern, darunter der VR Polen, exportiert werden.

Von den übrigen Erzen Finnlands ist das wichtigste das Kupfererz. Über ein Fünftel der westeuropäischen Kupferförderung kommt aus Finnland. Etwa die Hälfte der Förderung dient dem eigenen Bedarf. 1960 wurden 136000 t Kupferkonzentrate und daraus 31000 t Kupfer produziert.

Die Zinkkonzentrate, vor allem aus der seit 1954 bestehenden Grube Vihauti, betrugen 1960 77000 t (1959 sogar 98000 t). Die Verarbeitung, für die die inländischen Anlagen nicht ausreichen, erfolgt größtenteils im Ausland.

Mit der Förderung der hochwertigen Bleierze aus den Gruben von Kornäs wurde erst 1960 begonnen. Etwa 100000 t sollen nunmehr jährlich abgebaut werden.

Gold und Silber ist in den Erzen von Outokumpu enthalten. 1960 wurden 633 kg Gold und etwa 12000 kg Silber gewonnen.

An Eisenerzen werden von den Gruben Otanmäki und Kärväsvaara jährlich rd. 900000 t gefördert. Die Ausbeutung weiterer ausgedehnter Vorkommen (Kolari, Raajärvi und Jussarö) ist geplant.

Die Chromerze von Kemi werden auf 15 Mill. t mit 20% Chromtrioxyd geschätzt. Die Verhüttungsbedingungen sind jedoch ungünstig.

Mit der Produktion von Titandioxyd (voraussichtlich 16000 t jährlich) aus Ilmenitkonzentraten von Otanmäki und Schwefelpyriten von Harjavalta wurde 1961 begonnen.

An Uranerzen werden aus dem Vorkommen von Paukkajanvaara seit 1960 rd. 100 t täglich 2%iges Erz gefördert.

Ha.

Die Blei-Zink-Erzvorkommen der VR Bulgarien

Auf 110 Mill. t werden die Vorräte der VR Bulgarien an Blei-Zink-Erzen geschätzt. Die bisher noch nicht verwerteten Vorräte an Kohle werden mit 60 Mill. t beziffert.

Im Jahre 1960 wurden bereits mehr als 2,5 Mill. t Blei-Zink und mehr als 1 Mill. t Kupfer gefördert. 1961 wurden diese Ziffern noch überboten.

Für die Verarbeitung dieser Erze wurde ein Blei-Zink-Werk bei Kardschali und ein Kupfergewinnungskombinat bei Pindop errichtet.

Die Buntmetallurgie ist eine der wichtigsten Zweige der bulgarischen Schwerindustrie. Außer Blei, Zink und Kupfer werden noch andere Metalle, wie Kobalt, Kadmium, Gold und Silber gewonnen.

He.

Die Erz- und Mineralproduktion Tanganjikas

Auf 3,47 Mill. £ belief sich im 1. Halbjahr 1961 die Erz- und Mineralproduktion Tanganjikas. In den einzelnen Produkten ergaben sich folgende Werte:

	1. Halbjahr 1961	(in £) 1960
Diamanten	2575700	2197700
Gold (raffiniert)	653000	529100
Bleikonzentrate	60500	706800
Glimmer	43600	29400
Salz	58300	55900
Zinnkonzentrate	71200	38700

He.

Bolivianische Zinnhütte auf der Basis geringwertiger Erze

Die Corporación Miñera de Bolivia (COMIBOL) hat vor kurzem mit der niederländischen Firma N. V. BILLITON Maatschappij, Den Haag, einen Vertrag über die Errichtung einer Zinnhütte für geringwertige Erze unterzeichnet. Die COMIBOL stehe, wie ihr Präsident mitteilte, schon seit einigen Jahren in ständiger Verbindung mit der niederländischen Firma. Die Laboratoriumsversuche seien inzwischen zu einem erfolgreichen Abschluß gekommen, so daß die COMIBOL nun mit dem Versand von Tonnenmustern geringwertiger Zinnerze begonnen habe, um damit die Versuche in industriellem Maßstab durchzuführen. Nach Beendigung der Versuchsperiode, d. h. nach etwa 18 Monaten, sei bei günstigen Ergebnissen die Errichtung einer Zinnhütte für diese geringwertigen Zinnerze mit einer Jahreskapazität von 20000 t in der Stadt Oruro vorgesehen.

He.

Sonstiges

Ergebnisse einiger Erkundungsarbeiten auf geothermische Erscheinungen

Historischer Überblick

Die schnell wachsende Bevölkerungszahl der Erde bedingt einen ebenso schnell steigenden Energiebedarf, der bisher aus den klassischen Energieträgern Wasserkraft, Erdöl und Kohle gedeckt wurde, während später eine Energieversorgung auf Grund von Kernspaltungsprozessen in den Vordergrund treten wird.

Zu diesen klassischen und zukünftigen Energieträgern tritt in der Gegenwart die geothermische Energie hinzu, um deren Nutzung man sich in den verschiedensten Teilen der Welt zu bemühen beginnt.

Die räumliche Verteilung geothermischer Prospektions- und Produktionsbohrungen und ihre zeitliche Aufeinanderfolge zeigt Tab. 1.

Tab. 1. Überblick über die Aufeinanderfolge der geothermischen Bohrungen der Welt (ohne Sowjetunion)

Italien	1900
Chile	1923
Kalifornien	1923—1925
Indonesien	1926
Neuseeland	1954
Japan	1954
Mexiko	1956
El Salvador	1957—1958

Methoden der geothermischen Erkundung

Wie Tab. 1 zeigt, liegen die Gebiete besonderer geothermischer Prospektionsaktivität im Bereich des zirkumpazifischen Vulkangürtels. In diesem Gebiet mit stark verringerter geothermischer Tiefenstufe werden naturgemäß die Aussichten für die Erschließung geothermischen Dampfes am günstigsten sein. So wird sich eine zukünftige geothermische Prospektion zunächst den Gebieten zuwenden, in denen die vulkanische Tätigkeit noch nicht oder zumindest erst in historischer Zeit erloschen ist. Beobachtungen haben gezeigt, daß das Auftreten von derartigen Dämpfen an Kluftsysteme gebunden ist. Eine systematische tektonische Kartierung wird also zunächst alle entsprechenden Kluftsysteme aufzuzeigen haben. Nach der tektonischen Aufnahme ist zu untersuchen, ob einige Klüfte bezüglich der Dampfführung besonders hervortreten. Meist geben sie sich durch Fumarolen, Mineralneubildungen oder Schlammkrater zu erkennen. Eine wirksame Unterstützung der Geländekartierung bildet die geologische Auswertung der Luftbilder, die ohnehin in wenig bekannten Gebieten die erste Orientierungsmöglichkeit bieten.

Anschließend wird man mit Flachbohrungen die wichtigsten Klüfte auf ihre Dampfführung hin genauer untersuchen. Gleichzeitig geben diese ersten Erkundungsbohrungen bezüglich des Chemismus und der Dampfmenge Hinweise für eine spätere Entnahme. Den Flachbohrungen folgen die ersten Tiefbohrungen von etwa 1000 m Teufe. Tab. 2 gibt einen Überblick über die Teufen einiger Erkundungs- und Produktionsbohrungen.

Tab. 2. Bohrlochtiefen einiger geothermischer Bohrungen

Land	Bohrtiefe (m)
A: Erkundungsbohrungen	
Chile	30
Kalifornien	200
Indonesien	18,66
Japan	100
El Salvador	45–188
B: Produktionsbohrungen	
Neuseeland	1000
Italien	1000

Ergebnisse der geothermischen Erkundungen

Ziel einer jeden geothermischen Erkundung ist die industrielle Nutzung des Thermalwassers und des Dampfes. So werden in Island bereits 50% der Einwohner der Landeshauptstadt Reykjavik durch ein Heizungssystem versorgt, das von natürlichem heißem Wasser gespeist wird. Außerdem werden in Reykjavik Gewächshäuser und Badeanstalten durch Thermalwasser versorgt. Im Kongo wird die Energieversorgung einer Zinnmine durch eine Niederdruckanlage sichergestellt, die mit dem in Grubennähe reichlich vorhandenen natürlichen heißen Wasser arbeitet und die eine Leistung von 220–275 kW liefert.

Eine bedeutend günstigere Ausnutzung geothermischer Energie besteht in der Erzeugung elektrischer Kraft. In Italien wird heute in der Toskana von der Larderello-Gesellschaft eine Leistung von 259000 kW in derartigen Anlagen erzeugt. In Neuseeland begann das geothermische Kraftwerk in Wairakei 1958 mit seiner Produktion. 1959 wurde bereits eine Leistung von 69000 kW erreicht, die noch verdoppelt werden sollte. Weitere Ausbaupläne sehen eine nochmalige Verdoppelung vor. In den USA beschäftigen sich einige Gesellschaften im Westen des Landes mit der industriellen Nutzung der geothermischen Möglichkeiten.

Tab. 3 gibt einen Einblick in die Elektrizitätsgewinnung auf geothermischer Grundlage.

Tab. 3. Überblick über die tatsächliche und geplante Elektrizitätsgewinnung auf geothermischer Basis in einigen Ländern der Welt

Land	Install.-Leistung in geothermischen Kraftwerken in Kilowatt	Bemerkungen
Italien	259000	In Betrieb ohne Störungen
Neuseeland	69000	1958 in Betrieb genommen
Neuseeland	150000	1959 vorgesehen
Kalifornien	50000–500000?	noch keine Versuchsanlage
Mexiko	3000	1959 vorgesehen
Japan	30	vorübergehende Produktion
El Salvador	–	Versuchsanlage vorgesehen

Konrad Murr

Mineralvorräte und Bergbauindustrie Brasiliens

Entsprechend einer Veröffentlichung: "Notes on the Mineral Potential of Brasil" im Min. I., Vol. 256, H. 6560, S. 534 bis 535 (1961), gehört Brasilien mit ca. 60 Mrd. t industriell nutzbarer Vorräte zu den sechs an Bodenschätzen reichsten Ländern der Welt.

Die Förderung Brasiliens an einigen wichtigen Mineralien zeigt nach dieser Quelle folgende Entwicklung (in 1000 t):

Mineralart	1958	1959
Kohle	2239,8	2329,3
Eisenerz	5184,7	8841,3
Mangan	882,2	969,3
Chromit	5,7	6,5
Bleierze	8,5	45,2
Kupfererze	65,7	71,8
Apatit	112,8	132,9
Bauxit	69,9	97,0
Asbest (Amianthus)	3,5	3,4
Dolomit	129,4	155,3
Gips	130,1	183,0
Baryt	62,3	50,8
Graphit	1,2	1,2
Phosphorit	532,5	873,4
Glimmer	1,3	1,2
Quarz	1,0	1,1
Talk	28,5	21,2
Erdöl (in 1000 t)	3008,7	3750,3

Nach neueren Schätzungen sind in den einzelnen Mineralvorkommen folgende Vorräte vorhanden:

Mineralart	Durchschnittsgehalt (%)	Vorräte (in 1000 t) geschätzt	nachgewiesen
Eisenerze	60–70% Fe	1500000	850000
	50–60% Fe	2500000	1000000
	< 50% Fe	35000000	15000000
Kobalterze	1–2% Co	75	20
Chromit	50% Cr_2O_3	4000	450
Mangan	40-60% Mn	100000	60000
Wolframerze	30–75% WO_3	1800	700
Bauxit	54–62% A_2O_3	600000	250000
Magnesit	40–50% MgO	950000	400000
Beryllium	10–15% BeO	180	75
Cadmiumerze	1–4% CdS	1500	600
Bleierze	1–5% Pb	90000	35000
Kupfererze	0,5–5% Cu	50000	18000
Zinnstein	0,2–5% SnO_2	180	75
Zinkerze	10%–35% Zn	20000	8000
Radioaktive Minerale	–	70000	25000
Golderze	0,0005–0,001% Au	8000	2500
Asbest		6000	2500
Dolomit		3500	2000
Graphit		1600	900
Gips		14500	6000
Kohle		3800	2200
Apatit		600000	250000
Phosphorit		1000000	450000

Der Eisenerzexport Brasiliens betrug 1960 etwa 5,44 Mill. t, wovon die ČSSR 353823 t und die VR Polen 286382 t importierten.

Die gegenwärtige Stahlerzeugung Brasiliens erreichte 1,859 Mill. jato.

Die brasilianische Manganerzförderung hat im Jahre 1960 bereits die Grenze von 1 Mill. t überschritten. 950000 t davon wurden exportiert. 90,8% der gesamten Manganexporte gingen in die USA. He.

Westirians Bodenschätze

Westirian, der von Holland gegen den Anspruch Indonesiens immer noch mit allen Mitteln festgehaltene, 416000 km² umfassende Westteil von Neuguinea, der zweitgrößten Insel der Welt, ist heute einer der kritischsten Punkte im Weltgeschehen. Dieses Land birgt reiche mineralische Bodenschätze, die noch wenig erkundet und erst in geringem Umfang abgebaut wurden. Was die kaum erforschten Urwaldgebiete in den Gebirgstälern des Innern enthalten, ist fast ganz unbekannt. In den bekannten Gebieten sind Erdöl, Eisen, Nickel, Kobalt und goldhaltige Kupfererze vorhanden. Die seit 1948 in industriellem Umfang betriebene Ölförderung aus den 50 erkundeten Vorkommen ist seit 1955 um ein Drittel auf 250000 t jährlich gedrosselt worden. Eine 100 km lange Pipeline verbindet das Ölgebiet Klamono mit dem Hafen

Sorong. Die Ausbeutung der Erzlagerstätten wird mit Hilfe von amerikanischem Kapital vorbereitet. Die US-Steel-Corp. und drei holländische Gesellschaften schlossen vor einiger Zeit ein Abkommen über den gemeinsamen Abbau der Nickel-, Kobalt- und Eisenerze. Auch die Ausbeutung der Kupfererze im Zentralgebiet ist projektiert. Von den Aktien der holländischen Erdölgesellschaft NNGPM sind 60% in USA-Händen. Ha.

Geophysikalische Erkundung von Kiruna

Die bereits vor mehreren Jahren in Teilbereichen begonnene gravimetrische und magnetometrische Vermessung des Erzfeldes von Kiruna (Schweden) soll nach einem Programm der Stockholmer Gesellschaft ABEM auf das ganze Stadtgebiet ausgedehnt werden. Mit neukonstruierten geophysikalischen Instrumenten zur Ermittlung verdeckter Erzkörper wurden Ergebnisse erzielt, die zum Aufstellen eines Bohrprogramms führten. Mit den ersten Bohrungen wurde bereits in einer Teufe von 60—180 m ein hochprozentiges, phosphorhaltiges Eisenerz angetroffen. Ha.

Neues polnisches Wärmekraftwerk

Mit dem Bau des Großkraftwerks Adamow (Wojewodschaft Katowice) ist begonnen worden. Es ist neben dem bereits in Betrieb befindlichen Kraftwerk Konin und dem Kraftwerk Turow, das in Dolny Śląsk errichtet wird, das dritte neue Kraftwerk, das mit billiger Braunkohle geheizt werden wird. In seiner Nähe wird ein neuer Braunkohlentagebau erschlossen. Das Kraftwerk soll eine Leistung von 480 MW haben, die später auf 720 MW gesteigert werden kann. E.

Werksteingewinnung mittels Flammstrahl

Ein hochenergetischer Brennstrahl, wie er als Raketenantrieb dient, wird nach einem kürzlich in den USA entwickelten Verfahren zur Gewinnung von großen Werksteinblöcken verwandt. Mit fünffacher Schallgeschwindigkeit und einer Temperatur von 2700°C verläßt der Strahl die Brennkammer und schneidet terrassenartig gelagerte Gesteinsbänke vertikal auf, wobei das Strahlrohr auf und ab bewegt wird. Der Schnitt wird breiter als das Brennrohr, das daher nicht eingeklemmt wird. Das Brennstrahlverfahren arbeitet viel schneller als das mechanische. Es dient auch zu einer thermochemischen Bearbeitung der Blöcke, wobei die Gesteinsflächen ihren Glanz nicht verlieren. In Westdeutschland wurde es bisher im Fichtelgebirge angewandt.

Ha.

Tagung der Geologischen Gesellschaft in der DDR

Vom 14.—18. Mai dieses Jahres führt die Geologische Gesellschaft in der Deutschen Demokratischen Republik in Erfurt ihre 9. Jahrestagung durch. Es werden besondere Probleme der Hydrogeologie behandelt. Als Schwerpunkte der Verhandlungen, Vorträge und Exkursionen zeichnen sich Fragen der Kartierung, der Wassererkundung und der Wassererschließung ab. Plenarvorträge und Vorträge in drei Arbeitskreisen behandeln spezielle Probleme Triasbecken und im in diesem Rahmen. Exkursionen im Schiefergebirge beschließen die Tagung. Für Anfragen vor der Tagung steht das Sekretariat der Geologischen Gesellschaft in der Deutschen Demokratischen Republik, Berlin N 4, Invalidenstraße 44, mit der Rufnummer 22062649 zur Verfügung. —K—

Zum XXII. Internationalen Geologenkongreß 1964

Die Vorbereitungen zum XXII. Internationalen Geologenkongreß 1964 in Indien laufen an. Die Vortragsveranstaltungen finden vom 14. bis 22. Dezember 1964 in Neu Delhi statt. Dort wurde ein Organisationskomitee gebildet, dem Dr. D. N. WADIA als Präsident und Dr. B. C. ROY als Generalsekretär angehören. Für die Vorträge sind vorerst 16 Sektionen ausgewählt worden. Vor, während und nach dem Kongreß sind Exkursionen geplant, die von den fünf Städten Neu Delhi, Kalkutta, Bombay, Madras und Nagpur ihren Ausgang nehmen.

Das Nationale Komitee der Deutschen Demokratischen Republik hat bereits zu Anfang dieses Jahres erste Beratungen zur Organisation und Durchführung dieser Tagung abgehalten.

Weitere Einzelheiten werden demnächst in nachfolgenden Heften unserer Zeitschrift veröffentlicht. —K—

Kurznachrichten

Die **Erdölproduktion** in der VR **Ungarn** soll 1962 1,6 Mill. t erreichen. Damit wird die VR Ungarn neben der Rumänischen Volksrepublik zum bedeutendsten Erdölproduzenten auf dem Balkan.

Die **Erdölförderung Jugoslawiens,** die mit 640000 t aus den neuen Feldern von Strzee (Kroatien) 1961 auf 1,5 Mill. t gestiegen ist, wird mit der Förderung aus den Vorkommen bei Kikinda, Mokrin, Jagnjedowar und an der Adriaküste im Jahre 1965 voraussichtlich 2,2 Mill. t erreichen.

Im riesigen Erdgasfeld von In Salah, in der **Sahara**, 965 km südlich von Algier, sind größere Mengen an **Helium** entdeckt worden. Die bisher wichtigsten Vorkommen der kapitalistischen Welt an natürlichem Helium befinden sich in den USA.

Wie die Union Oil Company bekanntgab, hat sie Anfang Dezember 1961 das erste wirtschaftlich abbaufähige **Ölvorkommen** in **Australien** erbohrt. Die Bohrung befindet sich ca. 300 km westlich von Brisbane in Queensland. Sie liefert gegenwärtig etwa 295 m³ Rohöl pro Tag.

Die **Kapazität** der **Erdölraffinerien** der Welt betrug 1960 etwa 1240 Mrd. t; die der USA betrug 687 Mill. t, die der Niederlande und Großbritanniens über 190 Mill. t und die der UdSSR 163 Mill. t.

Die **westdeutsche Steinkohlenförderung** 1961 betrug 142,9 Mill. t und liegt um 0,4% über der des Vorjahrs. Es war mit einem Rückgang von 1,4% gerechnet worden. Der Verbrauch ging im ersten Halbjahr gegenüber dem von 1960 um 3,6% zurück.

Die **Kupferproduktion** in den **USA** übersteigt mit 1136000 t im Jahre 1961 die des Vorjahres um 5% und ist um 3% höher als die des bisherigen Rekordjahres 1956.

Die **Kupferprojekte Indiens,** das Khetri- und das Kho-Dhariba-Projekt, sollen wegen der Kupferknappheit in Indien vorrangig bearbeitet werden. Das Vorkommen von Khetri wird auf 28 Mill. t Kupfererz geschätzt. Die Erze von Kho Dhariba sollen reicher sein als die von Khetri.

Die **Nickelerzeugung Kanadas** stieg im 1. Halbjahr 1961 auf 109330 t gegenüber 104730 t im gleichen Zeitraum des Vorjahres.

Große **Silbererzlager** wurden bei Quetta **(Westpakistan)** aufgefunden. Sie gelten als die größten Asiens. Die silberführende Schicht soll eine Mächtigkeit von 1,5 m aufweisen und sich über mehr als 20 km erstrecken. Man will aus einer Tonne Rohgestein durchschnittlich 100 kg Silber gewinnen.

Die **Goldproduktion Mexikos** erreichte 1960 9338 kg im Werte von 122 Mill. Peso.

Eines der größten **Goldbergwerke** der **USA**, die Grube Getshell Mine Inc. in Golconda (Nevada), will Anfang 1962 die Produktion wiederaufnehmen. Es sollen täglich über 1500 short tons Golderz aufbereitet werden.

Aluminium aus Lehm und Schieferton wird nach einem in den **USA** entwickelten Verfahren durch Verarbeitung der beim Kohlenbergbau anfallenden Abraummaterialien zu Tonerde gewonnen, wobei zunächst Aluminiumsulfat hergestellt und dann auf thermischem Wege die Tonerde von SO_3 getrennt wird.

Große **Magnesit-** und **Barytvorkommen** wurden in der Umgebung von Cacak **(Serbien)** entdeckt. Die Vorräte an Magnesit werden auf 1 Mill. t und an Baryt auf 200000 t geschätzt.

Die **Welt-Kaliproduktion** stieg im Jahre 1960 auf 9,2 Mill. t gegenüber 8,8 Mill. t im Vorjahr. Für die nächsten fünf Jahre rechnet man mit einer jährlichen Zunahme von 5%.

In den nächsten Heften

der

Zeitschrift für angewandte Geologie

erscheinen u. a. folgende Beiträge

G. TISCHENDORF u. a.: Zur Frage der Definition und der Aufgaben geologischer Arbeiten in Abhängigkeit vom Untersuchungsstadium

K. SCHULZE: Entwicklung von Tiefbohrzement in der DDR

M. MALKOWSKÝ: Die heutigen Ansichten über die Stratigraphie des Tertiärs der nordböhmischen Braunkohlenbecken

E. WOHLMANN: Über die Anwendung neuer Indikatoren der Chelatometrie in der Erz- und Silikatanalyse

M. JASKOWIAK: Der geologische Bau des mesozoischen Deckgebirges in Nordwestpolen

S. LORENZ: Wassereinbrüche im Mansfelder Kupferschieferbergbau

I. ORMANDY: Hydrogeologische Probleme im Steinkohlenrevier von Ostrava—Karviná

E. P. MÜLLER & W. FREUND: Die Gaschromatographie bei der Erdgas- und Erdölprospektion und Förderung

H. D. PFLUG: Feinstratigraphie und Reaktionsanalyse im Kulm und Devon des Enkenberges (Blatt Madfeld, Ostsauerland)

K. P. UNGER & H. SCHRAMM: Über fossile „prätertiäre" Verwitterungserscheinungen auf der Muschelkalkoberfläche nordöstlich von Jena

Herausgeber: Staatliche Geologische Kommission und Zentrale Vorratskommission für mineralische Rohstoffe der Deutschen Demokratischen Republik. Für die kollektive Chefredaktion: Dr. K. KAUTER (Redaktionssekretär), Berlin. Redaktion: Berlin N 4, Invalidenstraße 44. Verlag: Akademie-Verlag GmbH, Berlin W 8, Leipziger Straße 3—4 (Fernsprecher 220441, Telex 011773, Postscheckkonto: Berlin 35021). Bestellnummer des Heftes 1047/8/4. Die „Zeitschrift für angewandte Geologie" erscheint monatlich. Bezugspreis 2,— DM je Heft. — Satz und Druck: Druckhaus „Maxim Gorki", Altenburg. Veröffentlicht unter der Lizenznummer ZLN 5008 des Ministeriums für Kultur. Karten: MdI der DDR, Nr. 6964, 7148, 7302/K 11.